電繪「姿勢」速查事典

デジタルイラストの「ポーズ」見つかる事典

網羅480種實用的姿勢&動作

Sideranch 著

序

這次非常感謝您翻閱這本《電繪姿勢速查事典》。

本書彙整了讓角色看起來更可愛的舉動、更酷的姿勢以及更性感的動作等，超過480種以上容易運用在插圖或漫畫上的姿勢，並解說各姿勢的特色與重點。姿勢在角色插圖中相當重要。透過姿勢，就能表現出角色的特徵與心情、身體的美感、情境等各種資訊。

本書將姿勢分成3大類：「以手展現魅力的姿勢」、「用全身傳達的姿勢」及「使用道具的姿勢」。

在「PART 1 以手展現魅力的姿勢」中，將焦點放在手及手臂表現相當重要的姿勢。書中介紹了從和平手勢等手勢，到揮拳慶祝及敬禮等使用手及手臂來表現的姿勢。其中特別彙集了許多胸上鏡頭、特寫鏡頭等上半身構圖也能輕鬆使用的姿勢。

「PART 2 用全身傳達的姿勢」主要是針對展現全身為主的姿勢進行解說。書中刊載了站立、坐下、躺著等各種姿勢、展現身體曲線的姿勢、格鬥技的動作姿勢，以及充滿躍動感的跳舞姿勢等。可增加全身或膝蓋以上的膝上鏡頭在構圖上表現的變化。

而在「PART 3 使用道具的姿勢」中，則是針對與配件及服裝等道具相關的姿勢進行解說。不僅列舉了許多與道具相關、能引出角色魅力的姿勢，像是瀟灑地披上外套、舔冰棒的可愛姿勢等。也彙集了槍、劍等武器、手銬、吉他……等種類豐富的經典道具。

描繪角色插圖時，「究竟該讓角色擺什麼姿勢」是每個畫手都有的煩惱。若本書能幫助各位找到適合所畫角色的姿勢或是啟發，將是我們的榮幸。

全體製作同仁

目次

PART 2 用全身傳達的姿勢 69

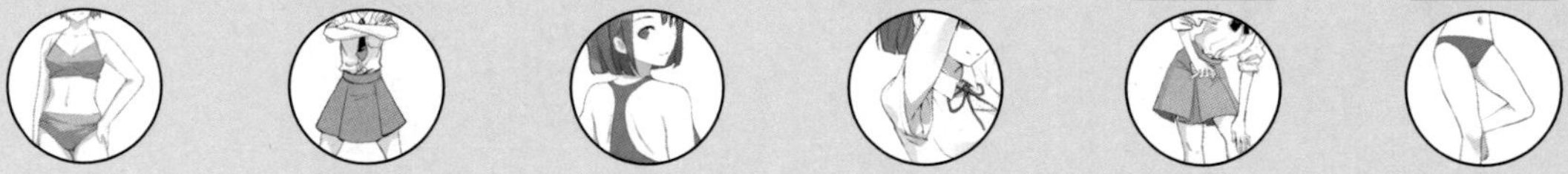

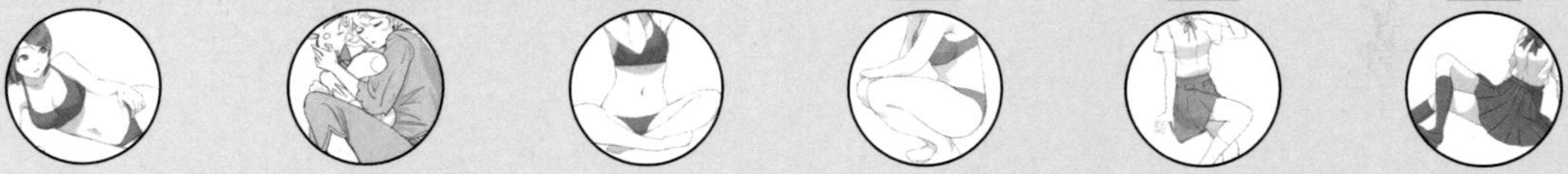

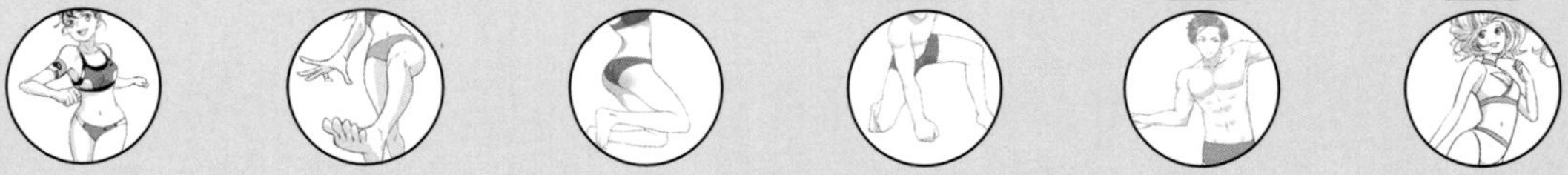

PART 3 使用道具的姿勢 121

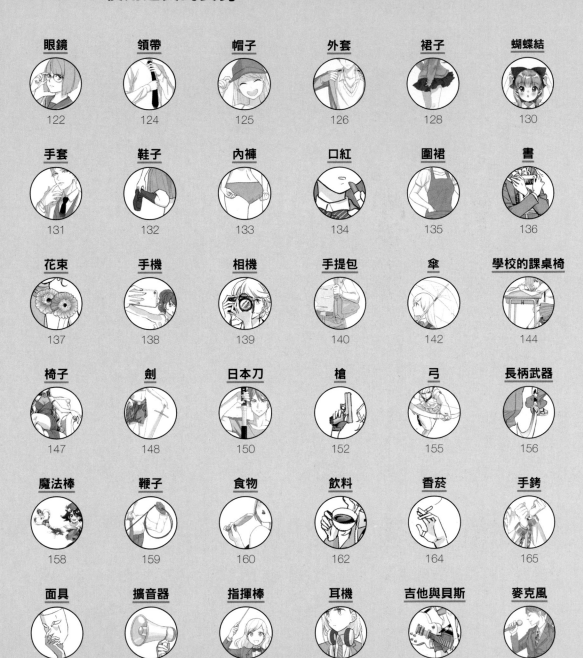

本書使用方法

事典頁面（PART 1～3）

分類刊載姿勢範例，並解說其特徵及重點。

分類名稱
姿勢的分類名稱。

角度
解說推薦採用的角度。

姿勢範例
解說每個範例的特徵及重點。

剪裁
解說裁切部分插圖時需注意的地方等。

Tips
解說畫插圖時的小知識與訣竅等。

基本知識頁面（PART 0）

解說最好事先了解的實用基本知識。

除了臉以外，插圖均可免費描圖

■將本書的姿勢用於「自己的作品」時，請勿描圖或臨摹臉部作畫。至於臉部以外的身體作畫，不論是商用或私用，均可描圖或臨摹，也不需要在完成的作品標注本書名稱。

■歡迎使用本書作為臨摹練習。PART 1～3的插圖臨摹可上傳到Twitter及Instagram等SNS上公開。如要公開包含臉部作畫在內的臨摹時，煩請註明臨摹的是本書插圖。

下載特典

本書所介紹的姿勢中，解說「角度」的部分都能下載姿勢檔。該檔案是使用CLIP STUDIO PAINT的3D素描人偶來設定各種姿勢的CLIP檔。
可在本書的支援頁面進行下載。請先點擊支援頁面，進入到位於「サポート情報（支援資訊）」的「ダウンロード（下載）」頁面，再根據內容說明進行下載。

本書的支援頁面

https://isbn2.sbcr.jp/03250/

※僅提供日文網頁。
※外部連結有變動或失效的可能。
※與外部連結內容相關或由此引發之問題，本社概不負責。

此外，使用時請務必先閱讀「はじめにお読みください.txt」檔（僅日文）。CLIP檔請在CLIP STUDIO PAINT PRO 1.9.5確認操作。使用舊版CLIP STUDIO PAINT可能會無法操作。

下載檔案的使用方法

使用CLIP STUDIO PAINT開啟下載好的CLIP 檔，就會顯示擺出本書所刊載姿勢的3D素描人偶。

貼在作業中的畫布上

在新增畫布（檔案）等使用特典的3D素描人偶時，請在3D素描人偶圖層的〔編輯〕選單→〔複製〕（Ctrl＋C），開啟作業檔案，點選〔編輯〕選單→〔貼上〕（Ctrl＋V）即可。

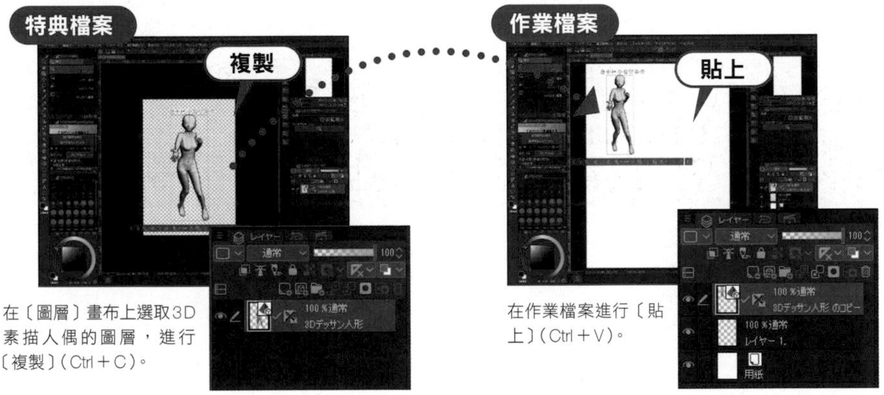

在〔圖層〕畫布上選取3D素描人偶的圖層，進行〔複製〕（Ctrl＋C）。

在作業檔案進行〔貼上〕（Ctrl＋V）。

進行調整以方便描圖

將3D素描人偶作為草圖時，是在3D素描人偶的圖層上開新圖層進行描圖。建議將3D素描人偶的圖層不透明度調低，在上面描線時會看得較清楚。
關於3D素描人偶的操作，請參照p.15的解說。

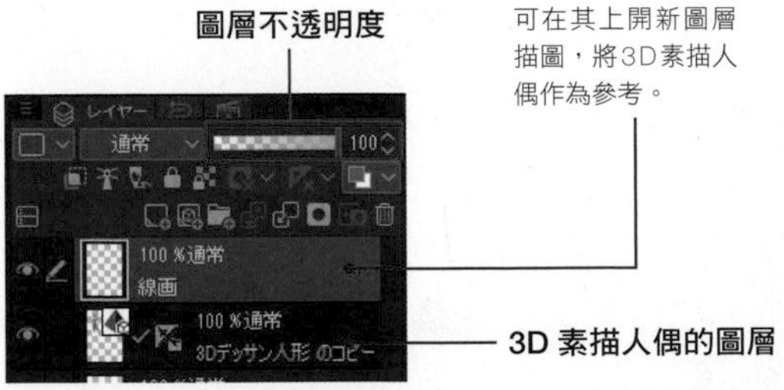

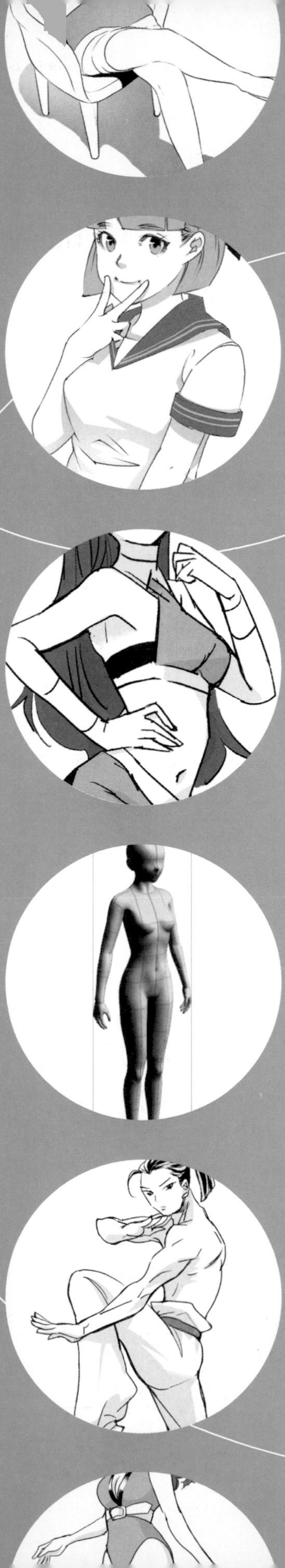

PART 0 姿勢的基礎

介紹設計姿勢時的注意事項
及有效展現姿勢的
基礎知識等。

構思姿勢

構思構圖

視角

3D 素描人偶
（CLIP STUDIO PAINT）

構思姿勢

配合角色構思姿勢

下面就來尋找符合角色性質的姿勢吧。隨著冷酷型、熱血型……等角色類型的不同，適合的姿勢也會跟著改變。
以下來舉個例子。

熱血

熱血型很適合由內而外釋放能量的姿勢。最好是外放的大動作。

冷酷

冷酷型適合沉靜印象的姿勢。以小動作來展現帥氣的招牌姿勢吧。

羞怯

若是個性羞怯的角色，可以用微微低頭的動作表現缺乏自信的感覺。

大小姐

大小姐型角色很適合充滿自信又威風的姿勢。下巴抬起、俯視對方的眼神也是一大重點。

以可愛感為主軸構思姿勢

將手或道具放在臉部附近較容易做出可愛的動作。尤其是以指尖抵住嘴巴或臉頰的姿勢，能呈現可愛的氣氛。或許是因為以手指抵住嘴巴的姿勢會讓人聯想到幼兒，讓人覺得可愛。
想強調角色的可愛時，可以多留意手部位置及手指姿勢。

重心與對立式平衡

■意識到重心

掌握到重心位在哪裡很重要。描繪時要留意符合姿勢的重心位置。

■對立式平衡

使重心放在其中一腳上，肩線與腰線朝相反角度錯開來描繪，稱作對立式平衡。只要意識到對立式平衡，小動作的姿勢也能變成帶有動感的立圖。

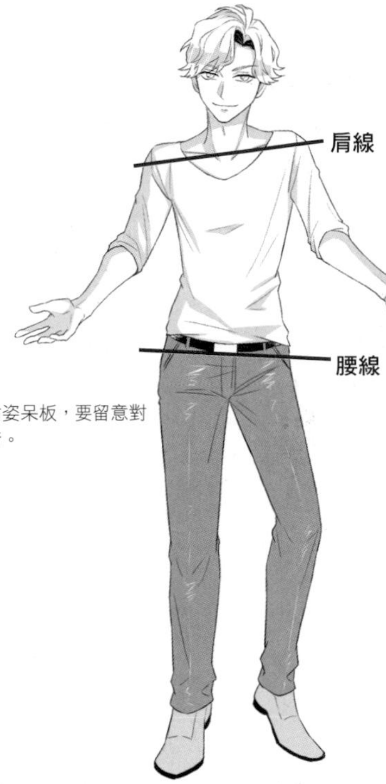

為避免站姿呆板，要留意對立式平衡。

■呈 S 曲線

使身體呈S曲線，就能優美呈現出身體線條。與對立式平衡一樣，描繪時要留意S曲線。

女性般柔軟的動作姿勢，重點就在於S曲線。

構思構圖

從特寫鏡頭到全景

「特寫鏡頭」及「全景」等，是用來表示角色被框進畫面內程度多寡的名詞。請選擇最適合描繪姿勢的構圖。

特寫鏡頭
放大擷取臉部的構圖。可呈現細微的臉部表情。

胸上鏡頭
擷取胸部以上的構圖。可放大呈現臉部表情及手部姿勢。

腰上鏡頭
腰部以上的構圖，可呈現上半身的姿勢及比例。

膝上鏡頭
可展現身體比例，同時臉部也比全景大，能夠呈現表情。

全景
將全身框進畫面內的構圖。比膝上鏡頭更能清楚呈現全身的動作。

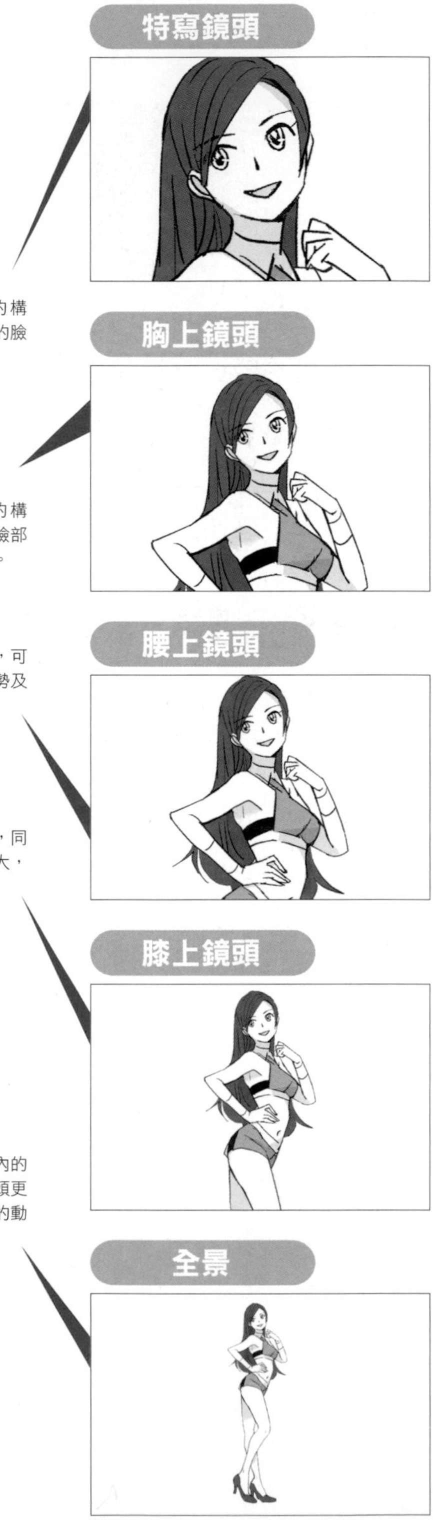

集中視線的重點

構圖中，中心偏上的位置容易吸引視線。決定角色的配置時，最好先了解何處是醒目的位置。
另外，讀者的視線方向也會隨描繪主題的不同而改變。一般而言，視線有朝臉部及手部看的傾向，尤其眼睛為最容易集中視線的部位。

眼睛是最容易集中視線的部位。如果有醒目的道具，也會變成容易集中視線的重點。

角色圖的剪裁

剪裁是指裁切圖片不要的部分。特寫及胸上鏡頭必須進行剪裁，裁掉超出畫面的身體部分。

剪裁時，基本上要避免裁切關節。

斬首不吉利

像斬首般的構圖會給人不吉利的印象。若沒有特別的意圖，最好避免裁切頸部。

不要裁關節

基本上避免裁關節。比方說，如果裁切手腕的話，就會變成讓人在意手掌的不自然構圖了。

視角

適合姿勢的視角

姿勢的呈現方式會隨著角度的不同而改變。隨著視角不同，能有效呈現手及臉等醒目部分或是展現魄力。一起來尋找適合姿勢的視角吧。

■正面

正面視角具有直接訴說的力量。想強烈訴說角色的想法及感情時，不妨使用正面視角。

正面視角給人角色主張很強的印象。

■仰角

如同將相機置於下方仰視般的視角。具有放大主題的效果，能構成有魄力的構圖。想表現強大與尊貴等特質的時候可以選用這個視角。

仰角容易展現魄力，適合用於展現角色的存在感。

■側面

側面視角比正面視角更容易看出身材比例，想優美呈現身體曲線時效果極佳。另外側面視角容易給人自然不造作的印象，是呈現日常姿勢時相當好用的角度。

想描繪不經意的日常舉動時，使用斜側面視角是最妥當的。

■俯瞰

如同將相機置於上方俯視般的視角。就角色插圖而言，俯瞰視角具有容易將全身框進畫面及放大描繪臉部的優點。

俯瞰視角能一清二楚地傳達對象的外觀與位置關係。

3D素描人偶（CLIP STUDIO PAINT）

STEP1 貼上與選擇

3D素描人偶是以CLIP STUDIO PAINT為標準所準備的3D素材，可用來畫困難的角度與姿勢的草圖。

■貼上 3D 素描人偶

3D素描人偶可從〔素材〕面板拖曳到畫布貼上。在〔圖層〕面板可新增貼上的3D素描人偶的圖層。

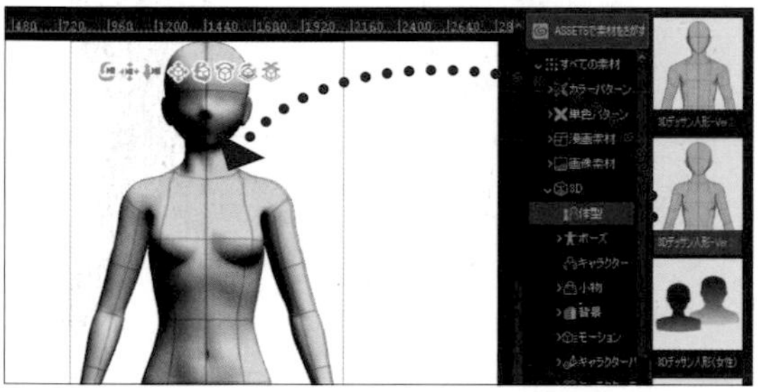

素材面板

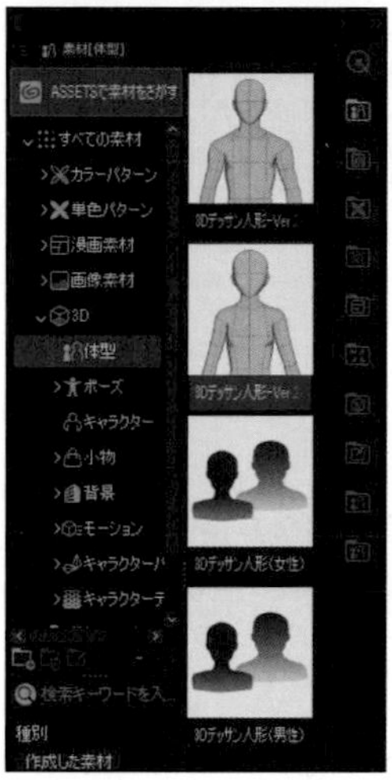

選擇類型

3D素描人偶分成舊版與新版2種，可從這兩種版本選擇男性及女性人偶。新版的素材名稱標記為「Ver.2」

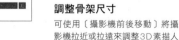

在物件工具選擇

在〔操作〕工具→選擇〔物件〕後，就能對3D素描人偶進行各種編輯。

STEP2 調整位置

使用顯示在3D素描人偶上方的操縱器，就能改變攝影機的視角，或是移動、旋轉3D素描人偶。操作方法如下：點擊想用的圖示，開啟後將3D素描人偶拖曳到畫布上。

操縱器

❶攝影機旋轉
旋轉攝影機。

❷攝影機平行移動
平行移動攝影機。

❸攝影機前後移動
前後移動攝影機。

❹平面移動
上下左右移動3D素描人偶

❺攝影機角度旋轉
以攝影機角度為基準旋轉3D素描人偶。

❻平面旋轉
平面旋轉3D素描人偶。

❼3D空間基準旋轉
旋轉3D素描人偶，使之與3D空間的地面平行。

❽吸附移動
吸附3D空間的基底或其他3D素材移動。

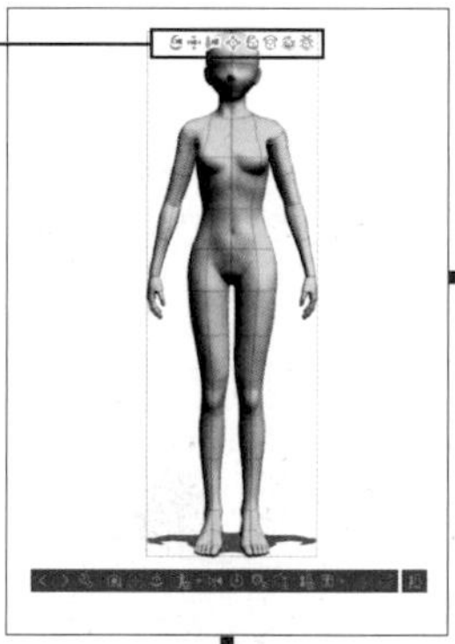

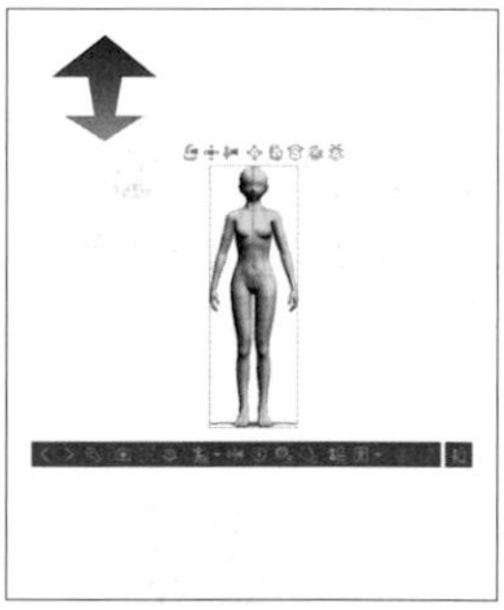

調整骨架尺寸

可使用〔攝影機前後移動〕將攝影機拉近或拉遠來調整3D素描人偶的骨架尺寸。

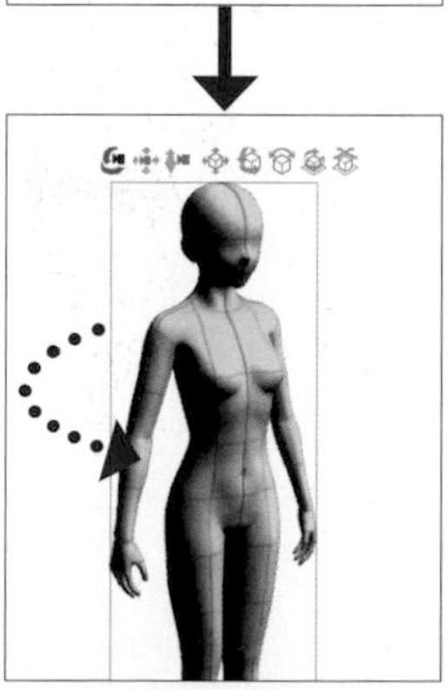

調整視角

基本上是使用〔攝影機旋轉〕來改變視角。

STEP3 体改變體型

3D素描人偶可以改變體型。點擊顯示在下方的物件啟動器〔變更體型〕就會顯示〔輔助工具詳細〕面板，即可調整體型。

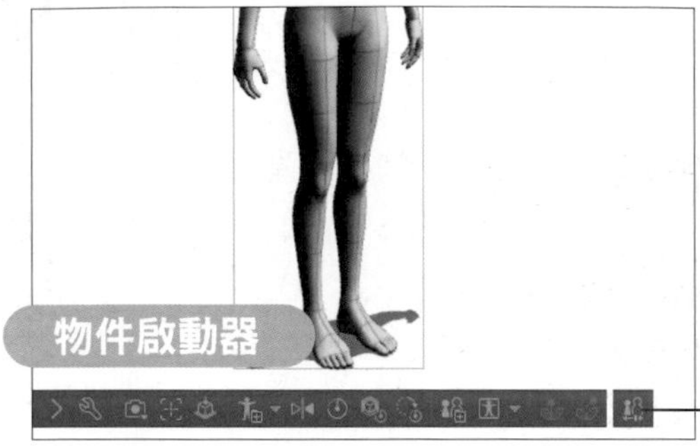

在〔變更體型〕開啟〔輔助工具詳細〕面板。

變更體型

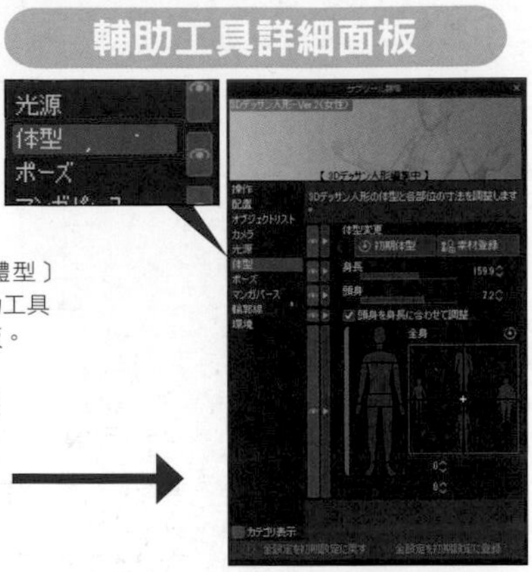

■調整身高與頭身

使用〔身高〕滑桿可設定身高，〔頭身〕滑桿可調整3D素描人偶的頭身。兩者均可輸入數值。
勾選〔配合身高調整頭身〕時，頭身就會配合〔身高〕數值自動變化。

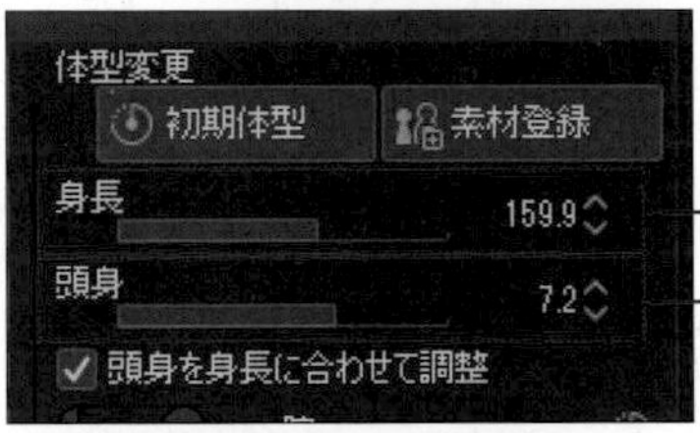

調整身高

調整頭身

■調整全身體型

在〔輔助工具詳細〕面板的〔體型〕欄，可移動滑桿來調整體型。將⊞往上移動，男性會變成肌肉結實，女性則變成前凸後翹的體型。另外，⊞愈往右移就會愈胖，愈往左移就會愈瘦。

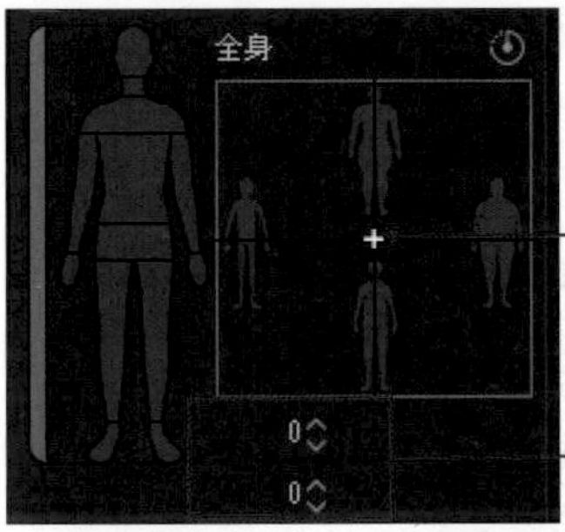

拖曳⊞即可調整體型。

亦可輸入數值調整體型。

初期狀態　前凸後翹　平板體型　肥胖體型　纖瘦體型

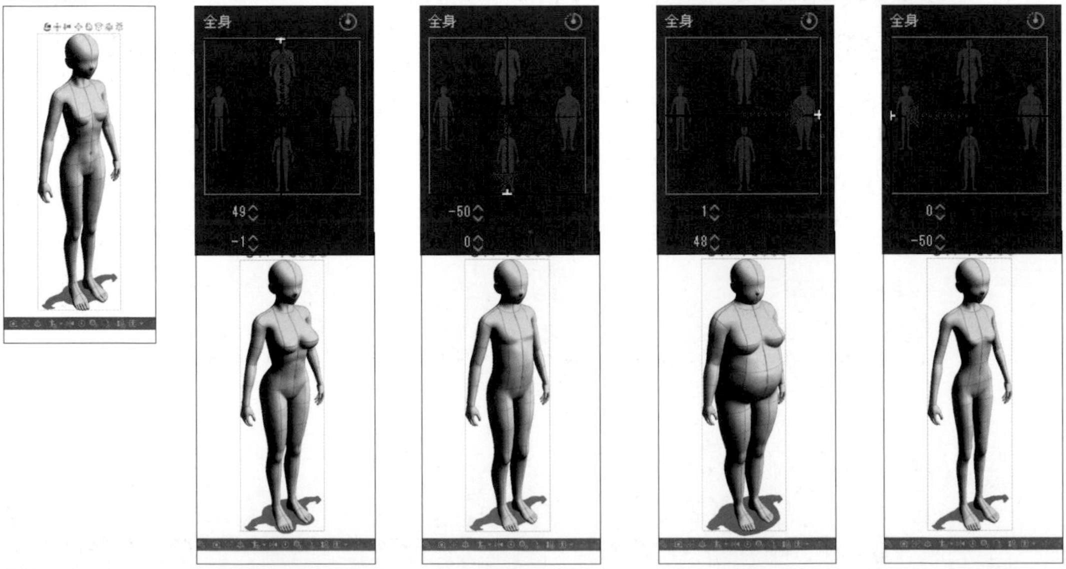

■調整部位的寬度與長度

選擇人體圖的部位，就能調整各部位。比方說可以只讓手臂變寬或腳變長。

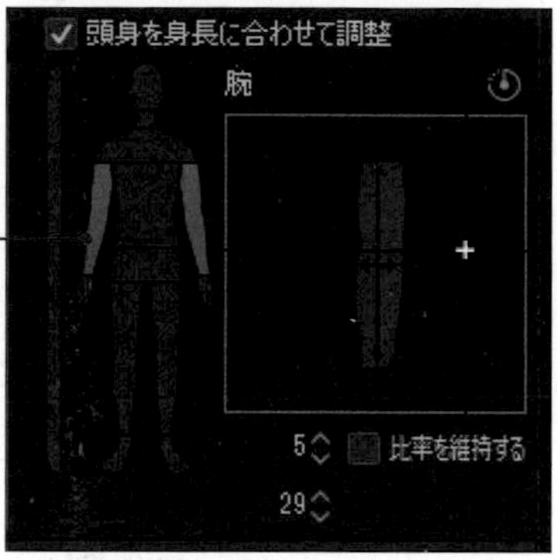

在圖上選擇部位

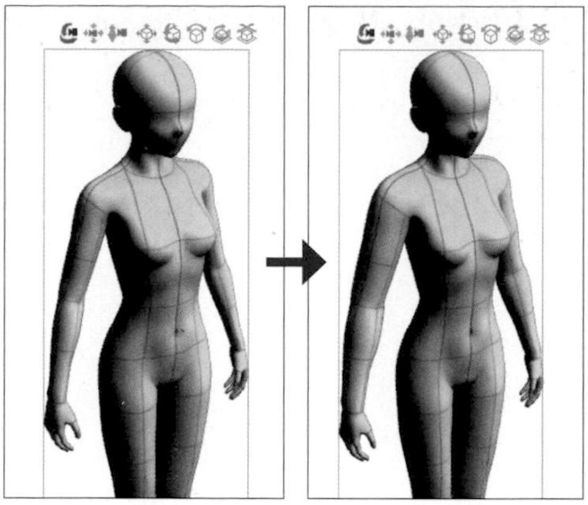

拖曳✚即可調整身體各部位的寬度與長度。往上拖曳則變長，往右拖曳則變寬。

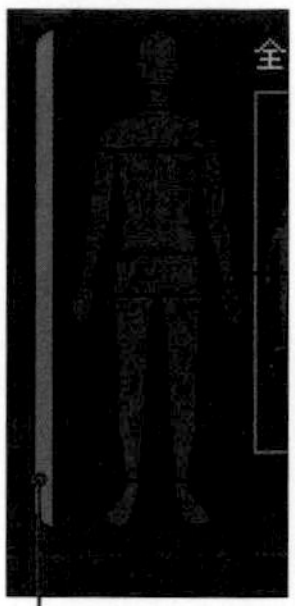

想返回變更全身體型時則點擊左側長桿。

STEP4 擺姿勢

■以拖曳方式移動各部位

抓住並拖曳特定部位，即可移動。不過，其他部位也會隨著特定部位被拖曳而跟著移動。

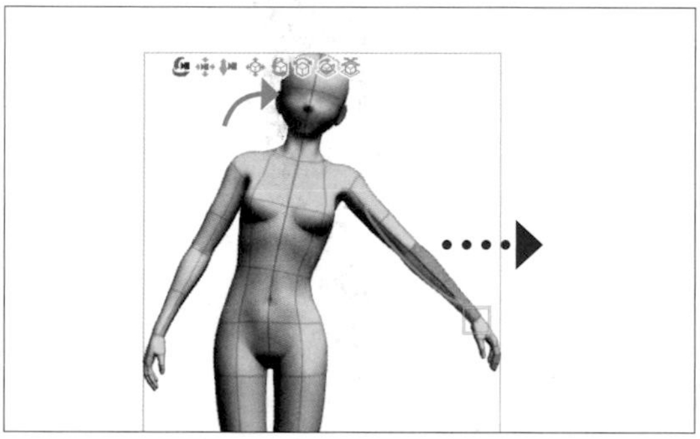

■固定關節

按右鍵即可固定關節。固定關節後再拖曳其他部位時，固定住的關節前端部位就不會移動。

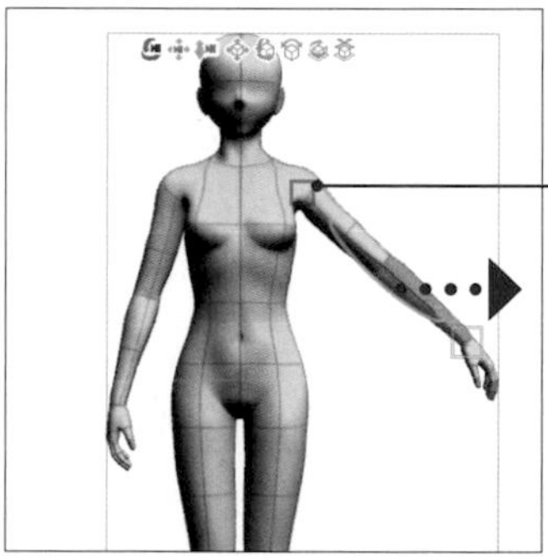

比方說在左肩按右鍵後再拉左臂，肩膀以下的部位也不會移動。

■使用操縱器移動

點擊選取身體部位，就會顯示以不同顏色表示可動方向的環狀操縱器，拖曳操縱器即可移動關節。使用操縱器移動關節時，即使沒有固定關節，其他部位也不會跟著連動。

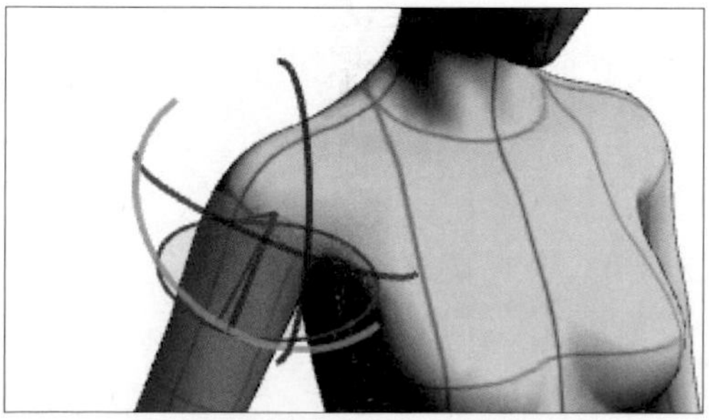

Tips 使用漫畫透視呈現魄力

在〔物件〕工具選取3D素描人偶，在〔工具屬性〕面板→勾選〔漫畫透視〕，就能將3D素描人偶的一部分放大，呈現漫畫般的魄力。

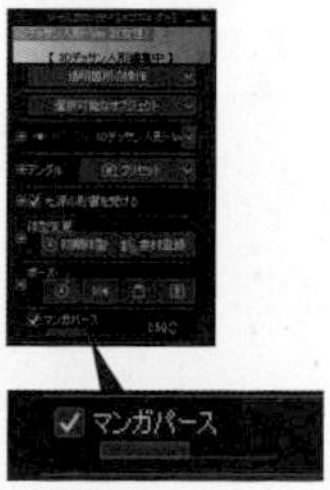

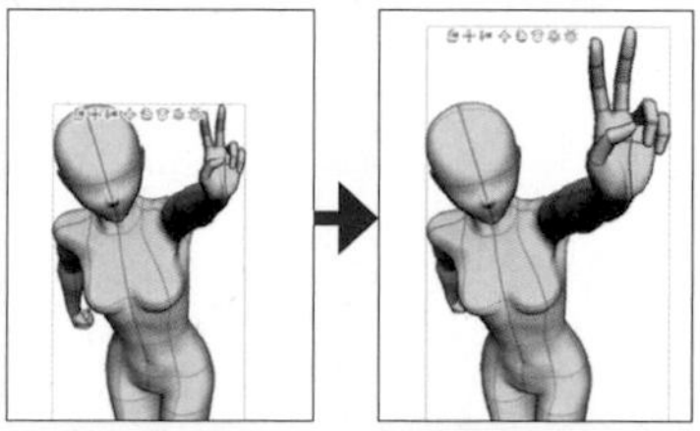

漫畫透視：關閉

漫畫透視：開啟

接近攝影機的部分會放大顯示。

STEP5 改變手部姿勢

想改變手部姿勢時，使用手的設置來設定。

❶ 選擇想改變姿勢的手。

❷ 點擊位在〔工具屬性〕面板的〔姿勢〕旁的➕，就會顯示手的設置。

❸ 鎖定不想移動的手指。

❹ 拖曳➕操作手指擺出姿勢。

❶

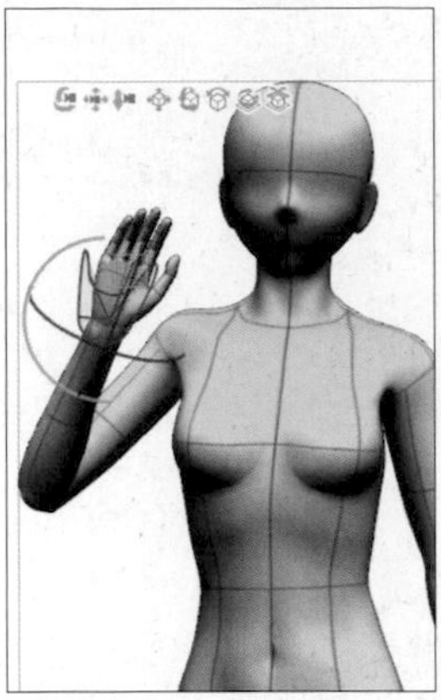

❷

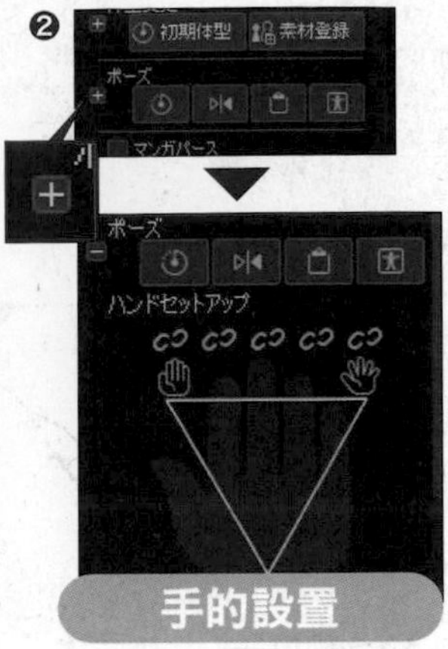

❸

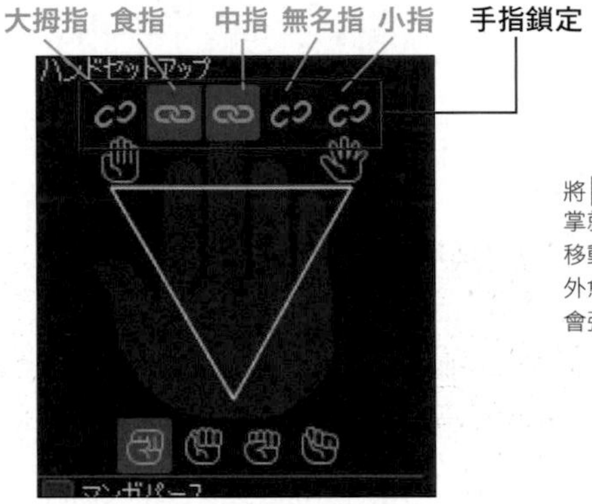

❹

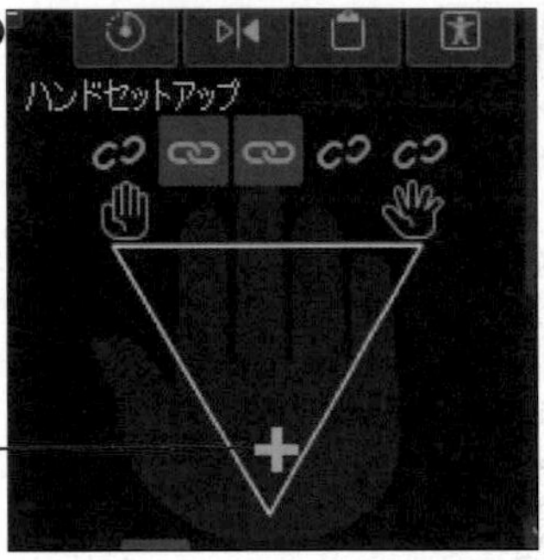

將➕往上移動手掌就會張開，往下移動就會握住。另外愈往右移，指間會張愈開。

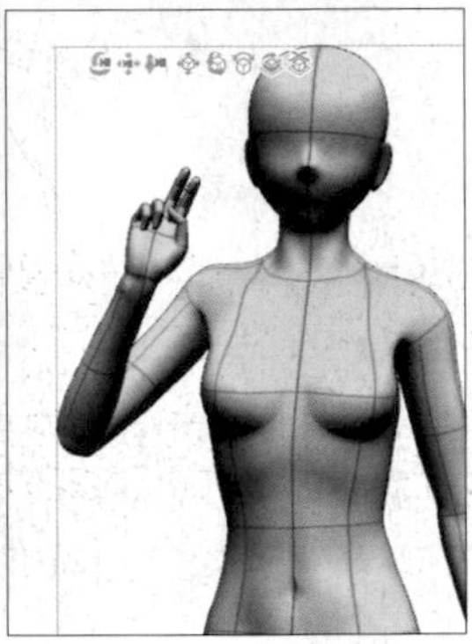

STEP6 將姿勢登記為素材

可將擺好的姿勢登記為姿勢素材。

❶ 選擇物件啟動器的〔登記全身姿勢為素材〕。

❷ 就會開啟〔素材屬性〕視窗，決定好素材名稱及存檔位置後，按下〔OK〕就登記完成。登記的素材可在〔素材〕面板選取，想使用時即可將3D素描人偶拖曳到畫布上。

❶

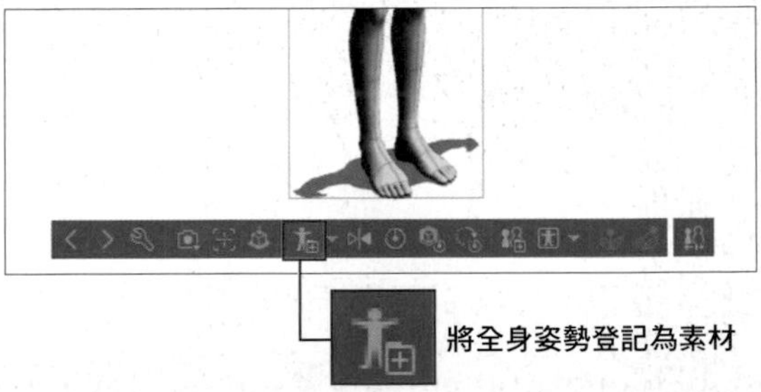

❷

決定並輸入素材名稱。

決定〔素材〕面板的存檔位置。

PART 1
以手展現魅力的姿勢

解說使用手及手臂來表現感情與營造氣氛的姿勢。

伸出單手
伸出雙手
伸手指
送飛吻
和平手勢
打招呼
大小姐式笑容
托腮
手指抵唇
揮拳慶祝
考慮
手指槍
抽泣
做鬼臉
眺望遠方
羞怯
扶額
勾手指
動物的手勢
包在我身上
敬禮
比愛心
祈禱
雙手合十
雙手托下巴
吃驚
投降
雙手抱胸
摀住耳朵
捧胸
抱自己
玩頭髮
將頭髮掛在耳朵
撥頭髮
綁頭髮
用手遮臉
用手擦嘴
畏畏縮縮

伸出單手帶有躍動感的姿勢

伸出單手

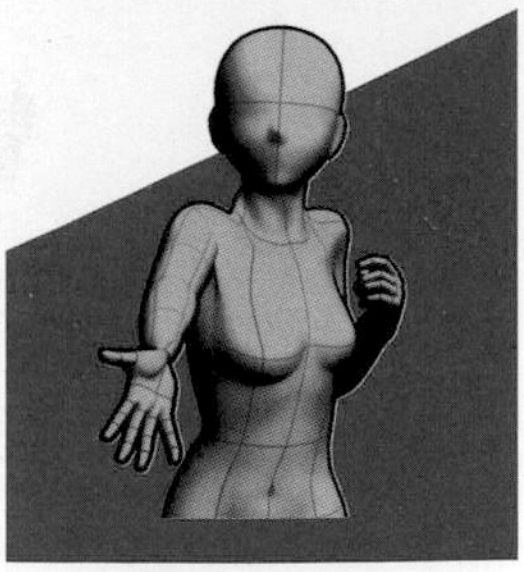

單手向前伸出且五指張開的姿勢，給人邀請的印象。此外，這種姿勢也能運用在表現角色的堅強意志上，像是想抓住什麼等。表現出角色感情寄託在手上的印象。

伸出援手

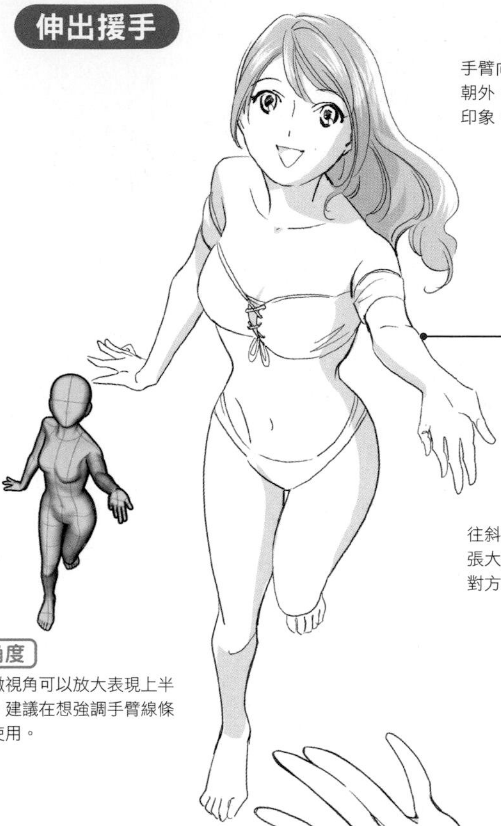

手臂向前方伸出，掌心朝外，給人邀請對方的印象。

角度

俯瞰視角可以放大表現上半身，建議在想強調手臂線條時使用。

要求握手

往斜前下方伸出手臂，張大掌心，表現出歡迎對方的模樣。

角度

透過從正面捕捉筆直伸出的手的視角，強調手伸向對方的感覺。

高舉掌心

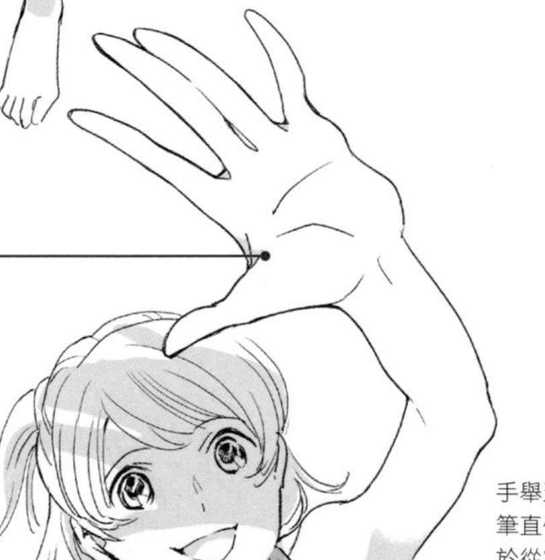

利用俯瞰視角及遠近感，將手畫得比臉還要大。

向正前方伸出手

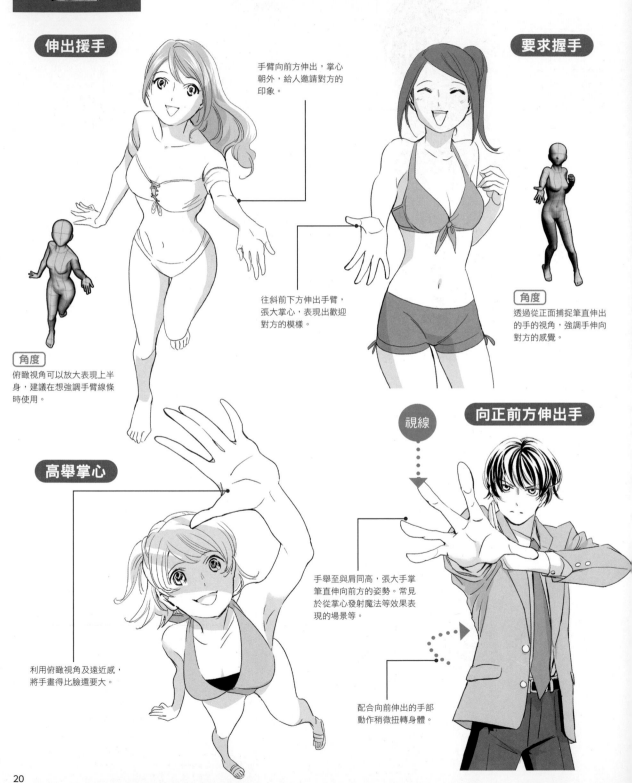

手舉至與肩同高，張大手掌筆直伸向前方的姿勢。常見於從掌心發射魔法等效果表現的場景等。

配合向前伸出的手部動作稍微扭轉身體。

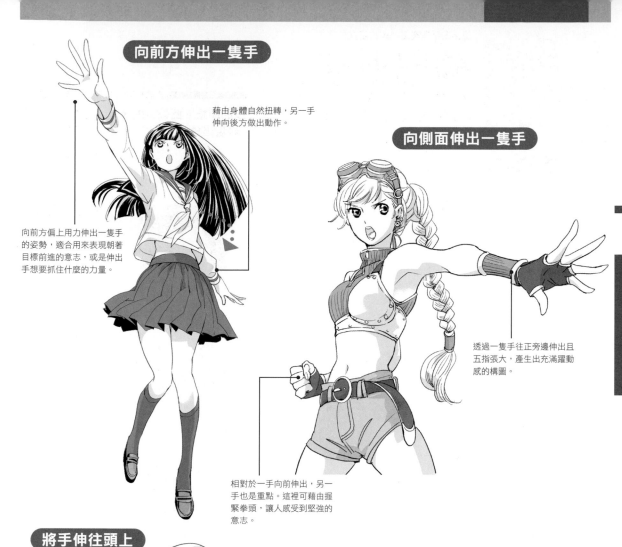

向前方伸出一隻手

藉由身體自然扭轉，另一手伸向後方做出動作。

向前方偏上用力伸出一隻手的姿勢，適合用來表現朝著目標前進的意志，或是伸出手想要抓住什麼的力量。

向側面伸出一隻手

透過一隻手往正旁邊伸出且五指張大，產生出充滿躍動感的構圖。

相對於一手向前伸出，另一手也是重點。這裡可藉由握緊拳頭，讓人感受到堅強的意志。

將手伸往頭上

使五指張開的手盡量靠近臉部。搭配迫切的表情，表現出想拼命抓住什麼的臨場感。

剪裁 **不要裁切帶有含意的手**

帶有強烈含意的手會變成姿勢的重點，最好不要裁切。

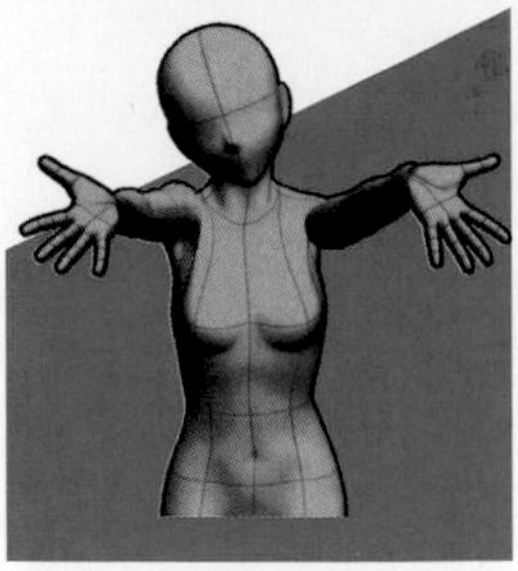

向前張開雙手的歡迎姿勢

伸出雙手

透過向前大幅張開雙手來表達歡迎與喜悅的姿勢。運用雙手的姿勢容易構成帶有躍動感的插圖，記住幾種模式就會很方便。

張開雙手

張開雙手迎接的姿勢。藉著放大描繪手掌，表現出歡迎與喜悅之情。

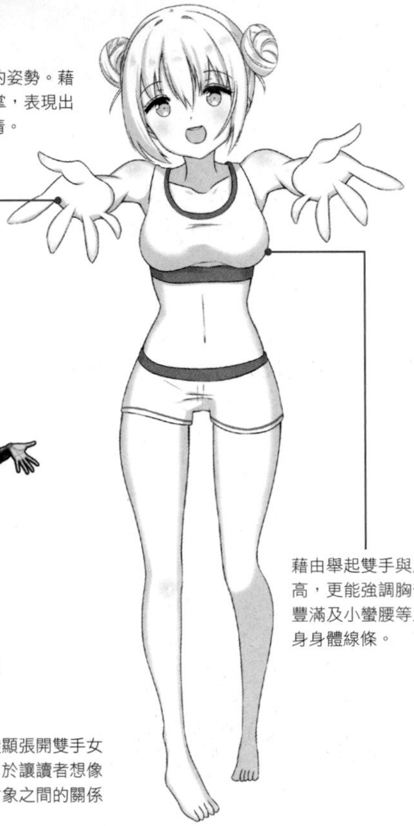

藉由舉起雙手與肩同高，更能強調胸部的豐滿及小蠻腰等上半身身體線條。

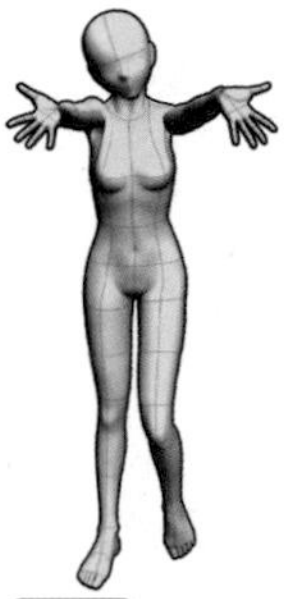

角度

俯瞰視角能突顯張開雙手女孩的稚嫩。用於讓讀者想像角色與迎接對象之間的關係效果也很好。

雙手向左右張開

雙手向左右大幅張開來表現喜悅與解放感的姿勢。

以宛如旋轉的印象決定指尖的角度及臉的方向。

角度

仰角能讓動感的動作更有戲劇性。

露出雙手手掌

以臉部四周彷彿花朵盛開般的形象張開手掌。

在露出雙手手掌的姿勢，兩手的角度最好不一樣，如此一來給人的印象會比較自然。

剪裁 保留動作進行剪裁

有時使用剪裁爽快地裁切身體後動感也會減弱，最好多加注意。

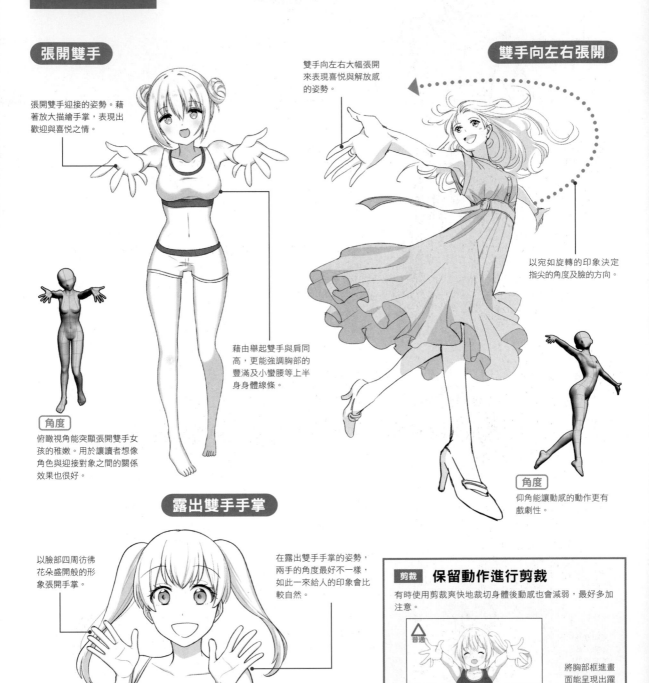

將胸部框進畫面能呈現出躍動感。

向前張開雙手

向前輕輕張開雙手，歡迎對方的姿勢。以張開懷抱的姿勢表現出包容力與寬大的度量。

手掌稍微張開的感覺。

手指大幅張開

五指張大，強調雙手張開的姿勢。可以表現出高興及撒嬌的模樣。

手臂柔軟地向前筆直伸展，表現出女孩興高采烈的心情。

以手掌包圍

宛如懷抱能量的神祕姿勢。掌心向內，就能讓視線集中在中央的能量球上。

以指尖稍微彎曲，溫柔支撐能量為形象來描繪。

發出能量波

使能量塊從手中放射出去的姿勢。手指與腳的方向呈放射狀，展現出魄力。

巧妙運用指尖的性感姿勢

送飛吻

溫柔地將手指併攏抵住嘴巴，向遠方的對象拋飛吻的可愛姿勢。與眨眼等表情組合後可用來表現親暱感。此外，手勢也有各式各樣的變化。

吹掌心的舉動

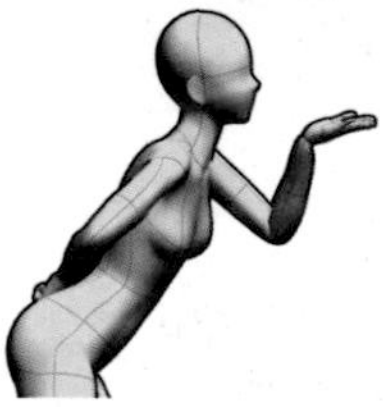

角度

從側面看的角度能讓側臉的表情及手的姿勢顯得更美。

抬起下巴，噘起嘴唇，以單手送飛吻的姿勢。

以手朝著飛吻方向的形象來描繪手部。

雙手送飛吻

溫柔地伸出雙手，宛如用掌心包覆飛吻般的形象。表現出親愛的程度更勝單手送飛吻。

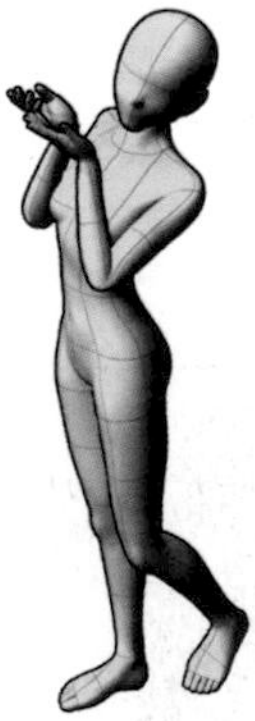

角度

採用偏俯瞰的視角就會變成抬眼凝視，營造出可愛的表情。

單手送飛吻

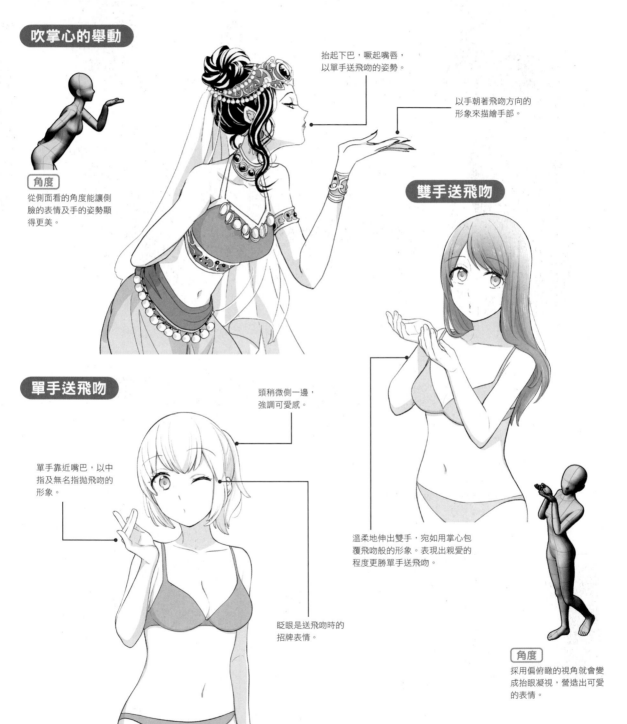

頭稍微側一邊，強調可愛感。

單手靠近嘴巴，以中指及無名指拋飛吻的形象。

眨眼是送飛吻時的招牌表情。

手抵在嘴上

送飛吻的上一格姿勢。男性送飛吻可說是提升好感度與增加親近感的可愛舉動。

宛如花朵綻放般

兩手放在嘴邊做出張開的姿勢，給人宛如花朵綻放般華麗的印象。

手彎曲呈曲線狀，就能變成讓對方入迷的溫柔動作。

加上肢體動作

使用和平手勢做出柔和帶有親和力的送飛吻姿勢。

對送飛吻的對象加上彎腰翹臀的動作，蘊含著更加親密的暗號。

剪裁　裁切手臂有時會顯得不自然

送飛吻的姿勢只要能看到嘴巴及手就能成立。不過視姿勢而定，有時裁切手臂也會讓構圖變得不自然。

左圖將手臂裁掉，變成不知道右手究竟是誰的的構圖。

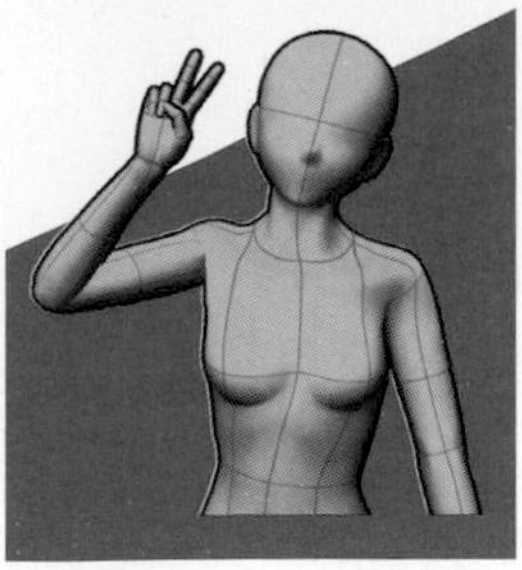

表現愉快與親暱的招牌姿勢

和平手勢

面帶微笑以手指比YA，是拍照時的招牌姿勢。除了手伸到臉部附近或伸直手臂比YA外，也有將手側一邊或是反手比YA，種類相當多樣。這種姿勢容易隨著世代不同而出現差異。

手舉至與眼睛同高比YA

採正面視角，手靠近臉部比出YA的正統姿勢。

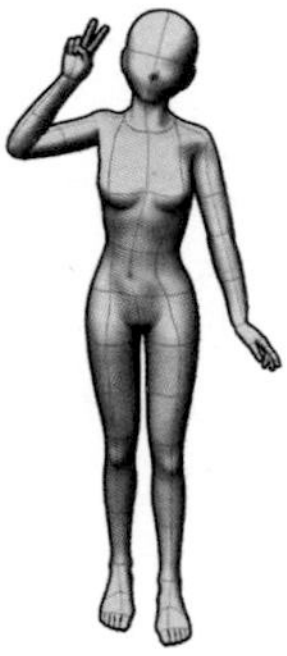

角度

角度最好能清楚看到YA手勢，因此正面偏俯角較容易操作。

側手比YA

在眼睛旁邊側手比YA。也是想突顯眼睛時效果相當好的姿勢。

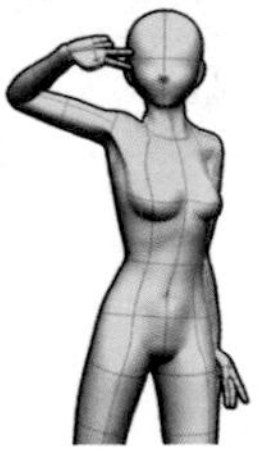

角度

稍微傾斜的角度，使臉部及手朝向正面，表情與和平手勢會變得更顯眼。

伸向前方

猛然向前方伸手比出YA，姿勢坦蕩的構圖。利用遠近感，將手畫得比臉還大，就能給人衝擊感。

剪裁　裁切手臂也沒關係嗎？

剪裁YA手勢時，最好不要裁切手臂，這樣才能保有動感，不過若是手靠臉部很近，即使是完全裁切手臂的特寫鏡頭，也足以構成畫面。

在嘴邊比 YA

不是從正面，而是回過頭比YA，搭配表情呈現出惡作劇的感覺。
靠近嘴邊比YA能襯托出吐舌頭的可愛。

反手比 YA

手背朝外在面前比YA。可用於耍帥或是挑釁對方時。

靠在嘴巴

靠在嘴巴比和平手勢，能突顯嘴部周圍的表情。

遊刃有餘

藉由別開視線呈現出遊刃有餘的模樣。
在面前比YA能強調手勢的存在感。充分呈現出遊刃有餘的模樣。
描繪時，伸直的手指與手掌長度幾乎相同。

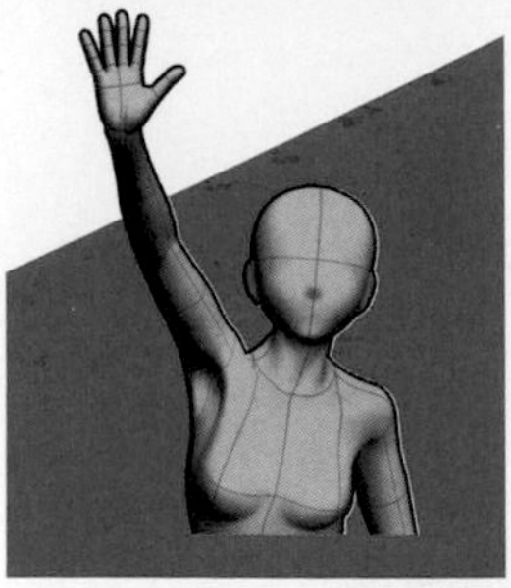

表現朝氣或高雅的姿勢

打招呼

用手及手臂表示打招呼的姿勢，會隨著手臂動作的大小等而改變其表現的性質。另外，角色的視線方向也會隨打招呼對象位置的不同而有變化，要多加注意。

充滿朝氣地打招呼

手舉高的姿勢能表現出角色充滿朝氣的樣子。

受到其中一手舉起的影響，上半身也跟著稍微扭轉。

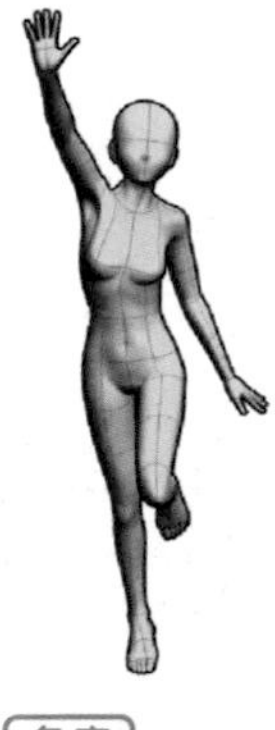

角度

採用正面視角，帶給觀看者強烈展現的印象。

向遠方打招呼

下巴稍微上抬，表現出角色望著遠方的樣子。

描繪向遠方的人打招呼的姿勢時，背部稍微向後伸展。

角度

側面視角能夠明確傳達姿勢，像是手臂伸直的動作等。

輕浮地打招呼

兩指併攏做出輕浮打招呼的姿勢。

身體稍微向前彎，探出臉來。

簡單地打招呼

沒有揮手的手自然垂下，做出不太顯眼的姿勢。
稍微轉過身看，加上扭腰動作呈現出躍動感。

手靠近臉部

手部靠近臉部打招呼，給人謹慎的印象。
微微揮手時，手指稍微彎曲會呈現出自然的姿勢。

雙手交疊在前

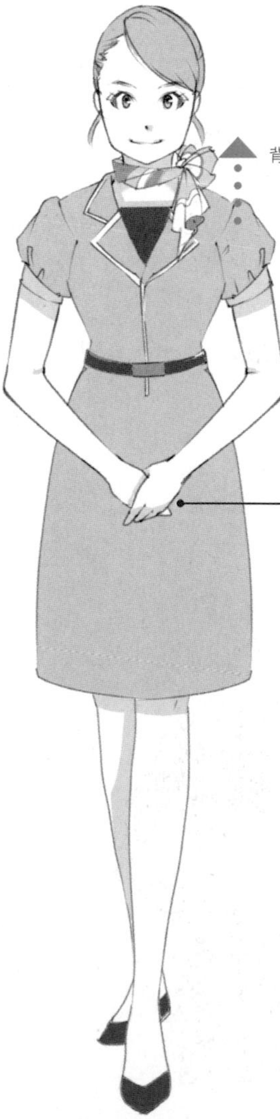

背部挺直。
以雙手輕觸的印象畫出雙手交疊在前的姿勢，能呈現出穩重高雅的氛圍。

拉起裙擺

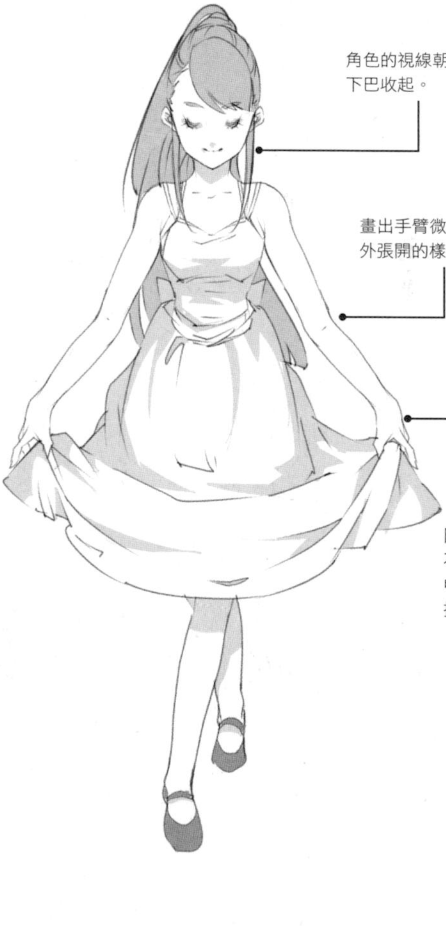

角色的視線朝下，下巴收起。
畫出手臂微彎，稍微向外張開的樣子。
因為被食指遮住所以看不太到，不過這裡是以中指、無名指及大拇指拉起裙擺。

高雅地將手放在嘴邊笑著

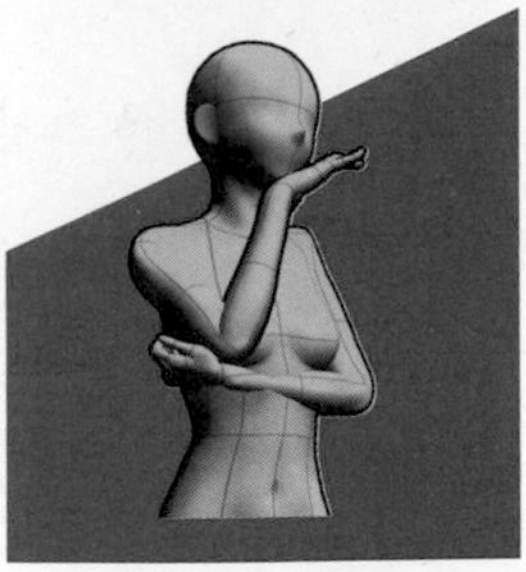

大小姐式笑容

描繪大小姐型角色露出笑容時，都會畫成高雅地遮住嘴巴的招牌姿勢。不妨選擇適合角色個性的姿勢，像是以居高臨下的姿勢表現出高傲個性等。

高聲大笑

露出一臉瞧不起對方的表情，臉部方向是重點。

想像優雅的動作，畫出流暢的手部曲線。

擺出以單手支撐另一手手臂的姿勢。

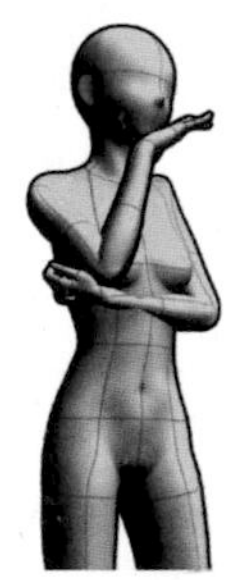

角度

仰角很適合用來表現居高臨下的角色。

高雅微笑

手輕輕握拳放在嘴邊。食指稍微伸出，手勢會顯得比較自然。

頭髮飄動，表現出身體晃動的樣子。

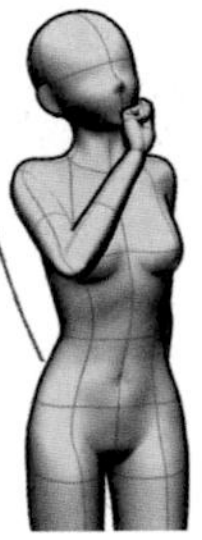

角度

採用側面視角能自然呈現不經意的舉動。

竊笑

夾緊腋下、手臂朝內的姿勢很適合嫻靜的角色。

遮住嘴巴是高雅笑容的法則，若想露出嘴巴，可以將手放在稍微遠離嘴巴的位置。

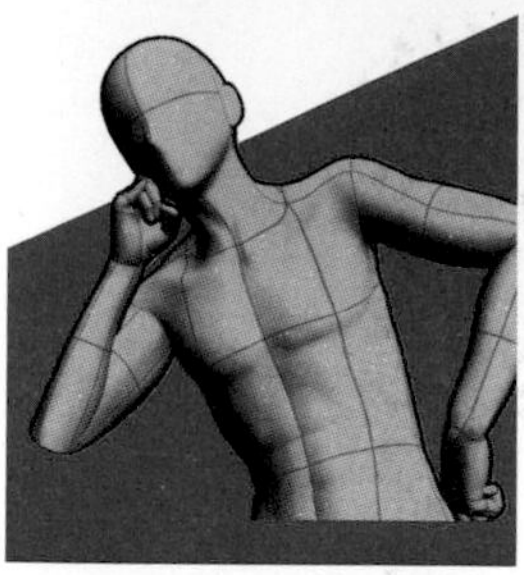

用手托住臉頰的放鬆姿勢

托腮

以手來支撐頭部重量的放鬆姿勢。可用來描繪身體放鬆的角色。這裡也能套用手放在臉部附近就會變成可愛姿勢的法則。

雙手托腮

用雙手圍住臉部。

兩肩稍微聳起。

托腮的姿勢有讓臉變小的效果，女孩想讓自己顯得可愛時常會使用。

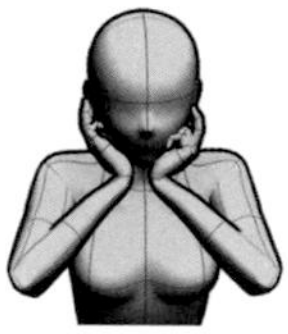

角度

若是角色托腮注視著前方的插圖，可採用正面視角來強調臉部表情。

單手托腮

以單手輕輕托住臉部。

單手放在桌上，做出放鬆的姿勢。

握拳托腮

輕握拳頭托著臉頰來支撐頭部。

充滿自信的角色可以擺出身體大幅向外張開的姿勢。

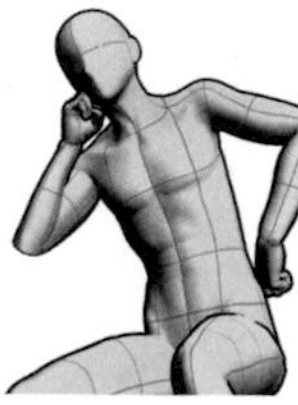

角度

仰角可用來表現態度傲慢的角色。

剪裁 **特寫也能夠傳達**

即使在托腮姿勢採用特寫構圖，也能充分傳達氣氛。

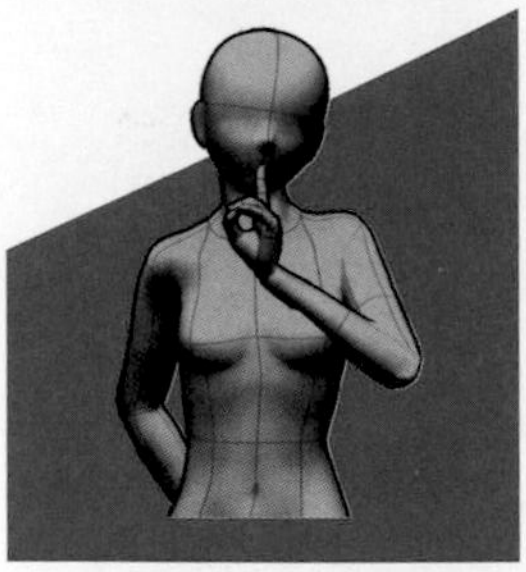

撒嬌的樣子好可愛

手指抵唇

以手指抵住嘴唇的姿勢是幼兒常做的姿勢，能呈現稚嫩與可愛感。可構思各式各樣的情境，像是以手指抵住嘴巴撒嬌、以手指比「噓」讓對方閉嘴的情況等。

可愛地比「噓」

加上身體扭轉的柔軟動作，能突顯可愛感。以平滑的曲線描繪身體線條，就能散發性感氣息。

露出手部側面，做出以手指抵住嘴巴比「噓」，使人安靜的姿勢。

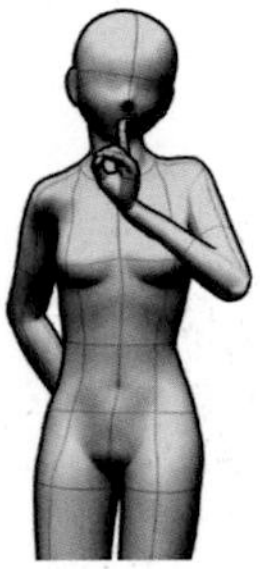

角度

正面視角能明確呈現小動作。

比「噓」提醒對方

同樣是比「噓」的姿勢，隨姿勢的不同也會改變給人的印象。單手叉腰側眼注視的姿勢，呈現出提醒的感覺。

若有所求地注視

以手指抵住嘴巴，露出抬眼凝視的表情，呈現出若有所求的撒嬌感。

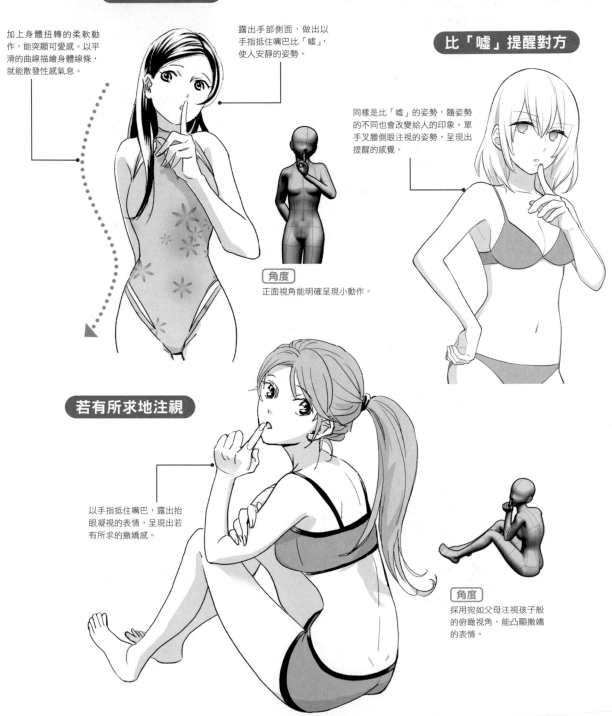

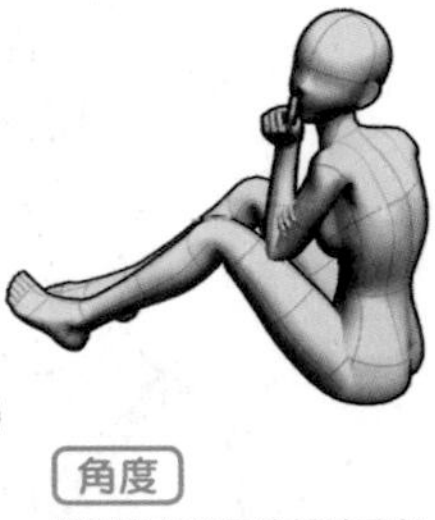

角度

採用宛如父母注視孩子般的俯瞰視角，能凸顯撒嬌的表情。

露出側臉

側著身體只露出表面，做出手指抵住嘴巴的姿勢，像是在說「要保密喔」，給人一起分享祕密的印象。

手指向上筆直豎起。

回過頭說「安靜點」

回過頭來側眼往前方看，像是在叫人「安靜點」的姿勢。

挺起胸膛，給人坦蕩的印象，表現出遊刃有餘的心情。

一臉羨慕

張大嘴巴，以手指抵住嘴巴的姿勢，給人一臉羨慕的印象。

手的方向為手背向外，做出如同小孩含手指般的姿勢。

吃驚

驚訝時不禁用手抵住嘴巴的姿勢。

眼睛睜大，露出驚訝的表情。

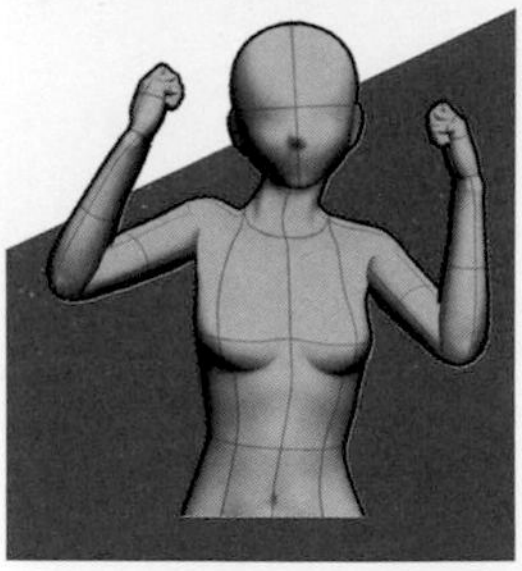

表現幹勁與喜悅

揮拳慶祝

揮拳慶祝是表示事情成功了或願望實現時的喜悅，以及下定決心時的姿勢。臉部表情及手臂動作可因應角色成就感的程度，有時畫得充滿動感，有時則穩重。

雙手舉起

雙手握拳，兩腋不要張太開，溫柔地彎曲手臂。

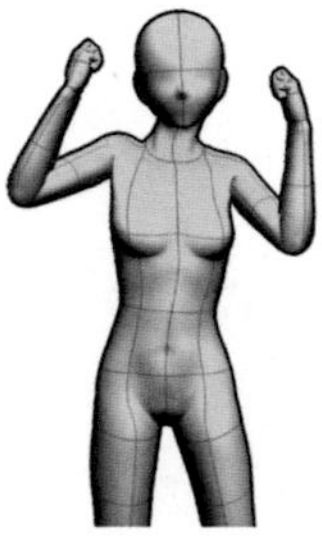

角度

諸如揮拳慶祝這類伴隨感情的姿勢，常會採用正面視角。

兩腋張開

兩腋張開，兩手大幅往上舉起。

使手肘向外突出，就能展現勇猛的樣子。

單手往上舉

手臂筆直向上舉，能展現充滿朝氣的姿勢。

藉由眼睛注視著相機來展現角色的強大幹勁。

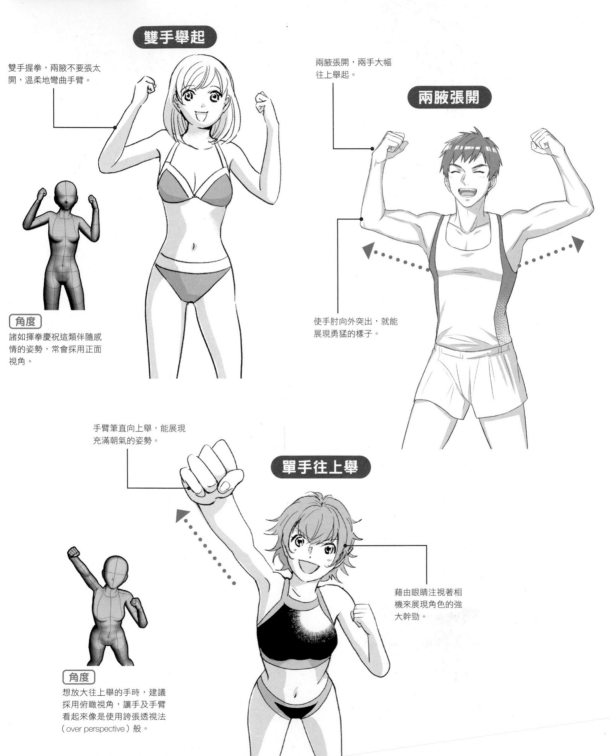

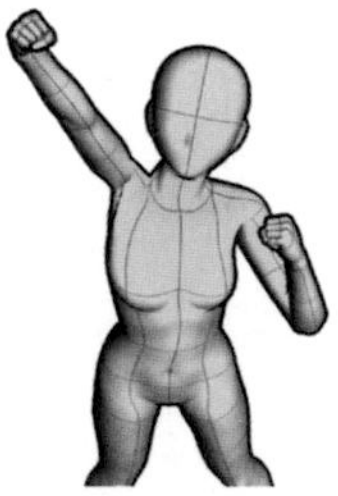

角度

想放大往上舉的手時，建議採用俯瞰視角，讓手及手臂看起來像是使用誇張透視法（over perspective）般。

展現可愛感

藉由將手臂畫得稍微遠離臉部往上舉，給人輕鬆的印象。

另一手則輕輕握拳，稍微往身體靠。

使臀部稍微往側面突出，就變成帶有可愛動作的姿勢了。

拳頭向內

藉由張大嘴巴，面露叫喊似的表情，表現出角色興奮的感情。

由下往上揮拳的姿勢很適合個性豪邁的角色。

小小地揮拳慶祝

在胸前握緊拳頭。手臂動作雖然不大，卻能傳達內心隱藏的喜悅。

另一手可以跟範例一樣叉腰，也可以自然垂下。

剪裁 清楚展現手部

即使採用胸上鏡頭也能充分傳達姿勢的主旨。注意別讓雙手太靠近畫面的兩端。

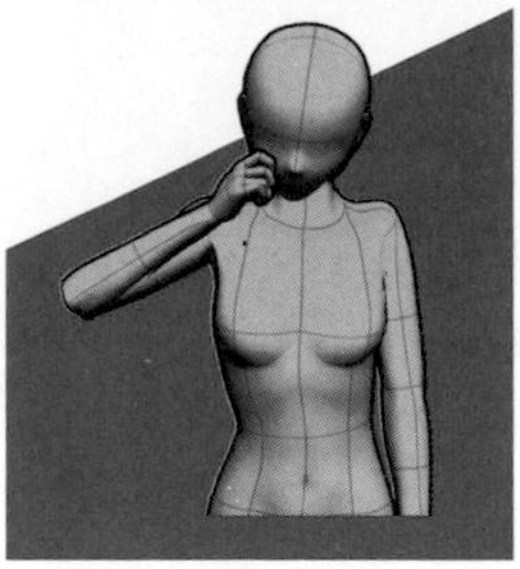

用手拭去滿眶淚水

抽泣

感情高漲，淚水滿盈時做的姿勢。用手擦拭淚水時主要用的是食指。藉由擺姿勢的方式，能表現角色的柔弱個性及容易被擾亂的青春期心情等。

用兩手擦拭淚水

微微低垂著頭是抽泣的經典姿勢。畫上淚水能強調悲傷。

兩手輕輕握拳擦拭淚水的姿勢。這種情況下，兩腋張得愈開，哭得愈忘我，愈能給人稚嫩的感覺。

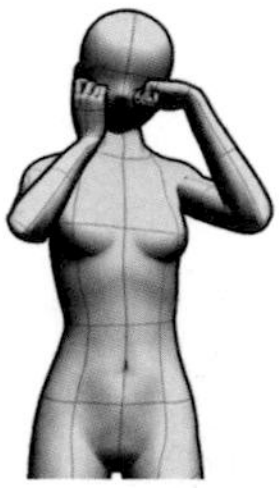

角度

採用微仰角，能呈現出從下方窺視正在抽泣時臉部的感覺。

鼓起腮幫子

嘴巴像是鬧彆扭似地稍微鼓起。

肩膀聳起，兩腋夾緊並縮起身體。

用食指擦拭淚水

以食指關節擦拭快落下的淚水。

另一手則完全放鬆垂下。呈現出至今一直忍住沒哭的印象。

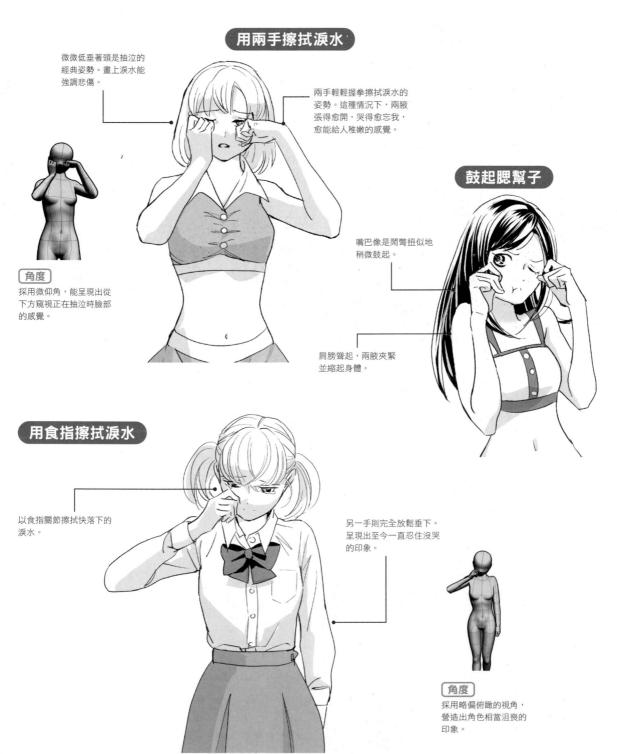

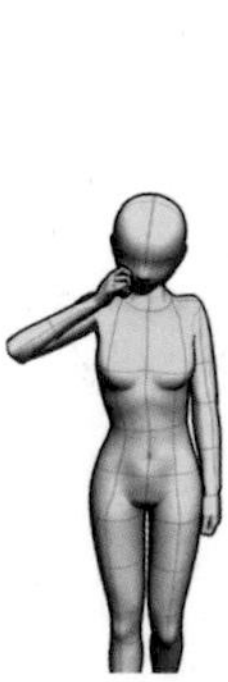

角度

採用略偏俯瞰的視角，營造出角色相當沮喪的印象。

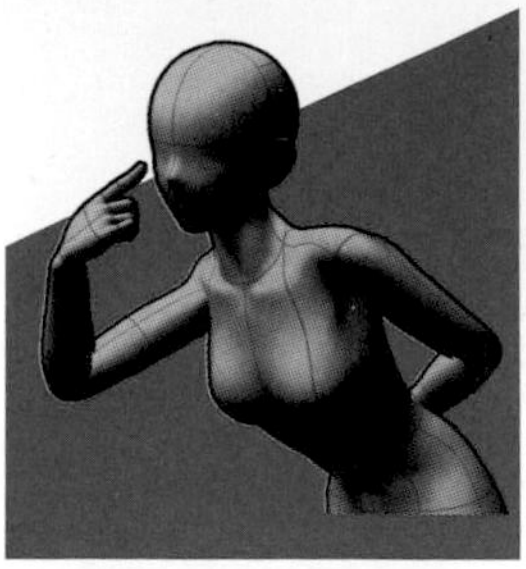

展現俏皮感的姿勢

做鬼臉

扮鬼臉是以食指拉下下眼瞼，口吐舌頭的俏皮姿勢。能表現出與對方親密的關係及逗趣的可愛模樣等。

轉身扮鬼臉

以食指稍微拉下下眼瞼，充滿玩心的姿勢。朝側面做鬼臉能呈現舌頭的立體感，給人漂亮的印象。

另一手則彎著手放在腰上，能呈現出可愛感。

角度

推薦採用從側面能看出手臂形狀的視角。

兩手扮鬼臉

雙手食指放在眼睛周圍做出拉下眼瞼的動作，並口吐舌頭。這個姿勢很適合愛惡作劇的人。

淘氣扮鬼臉

僅將食指放在眼周，沒有拉下眼瞼並口吐舌頭。

另一手則叉在腰上，表現出唯我獨尊角色的氣質。

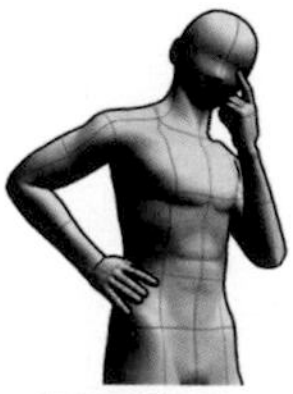

角度

採用側面視角，能表現出側著身體的角色不夠直率的個性。

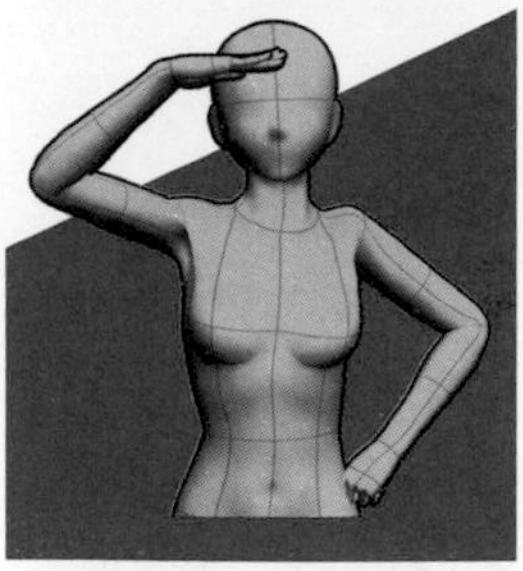

用手遮陽光的照片

眺望遠方

用手遮住眼睛上方，做出如同遮陽光的姿勢。重點在於視線配合手勢望向遠方。即使在陽光不強的狀況，也可用於強調望向遠方時。

單手遮陽光

當遮陽光的手往上舉時，肩膀也會稍微抬起。

將眼睛畫成睜大的感覺，就會給人想看清楚遠方的印象。

另一手叉腰，給人坦蕩的印象。

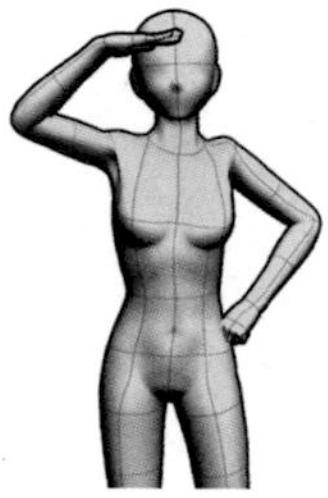

角度

比起姿勢的氣氛更想展現角色的表情時，不妨採用正面視角。

雙手遮陽光

兩手放在眉毛上方遮陽光。

上半身往後仰

上半身稍微往後仰，能表現出角色想看清楚遠方的意志。

遮陽光的手部線條與對立式平衡的肩線呈相反角度。

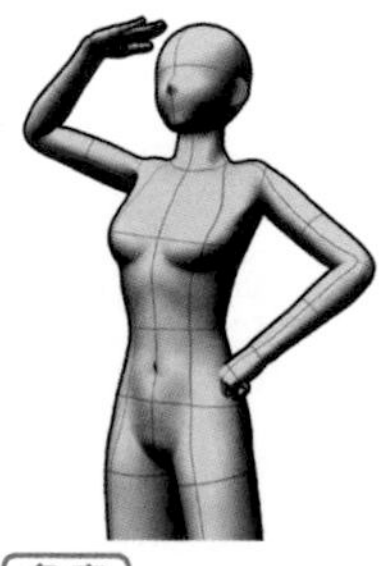

角度

採用側面及仰角能讓人意識到背景的寬廣空間，呈現出「眺望遠方」的感覺。

剪裁 保留臉部前方的空間

即使採用臉部特寫鏡頭，眺望遠方的姿勢也能成立。採用側面視角時，最好在臉部前方空出空間，將遮擋陽光的手也框進畫面。

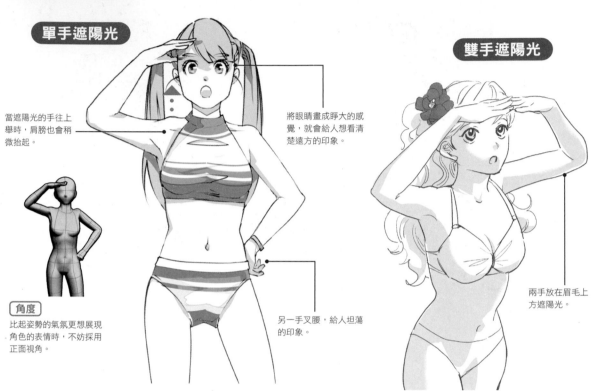

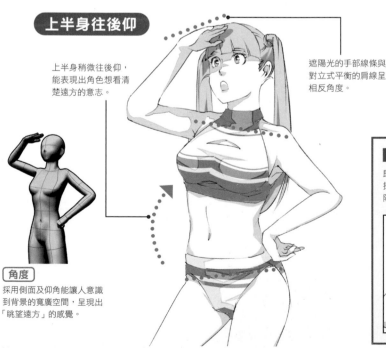

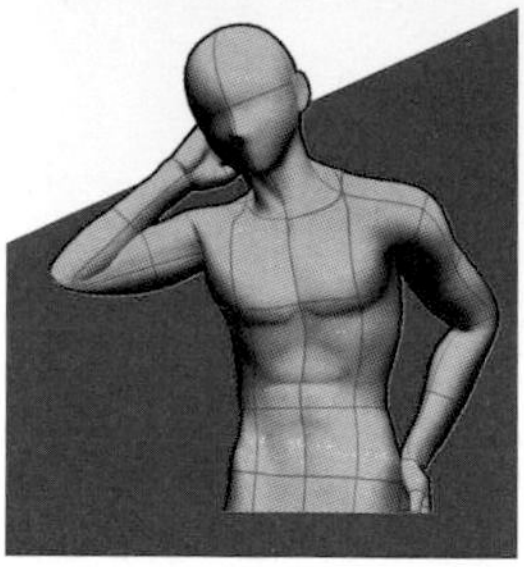

難為情地隱藏真心

羞怯

羞怯是隱藏自己既害羞又高興的真心時的姿勢。這個姿勢能些微透露角色的感情與真心話，表達複雜的心理。

隱藏表情

遮住嘴巴不想露出表情，是一種不想讓人得知真心話的心理機制。

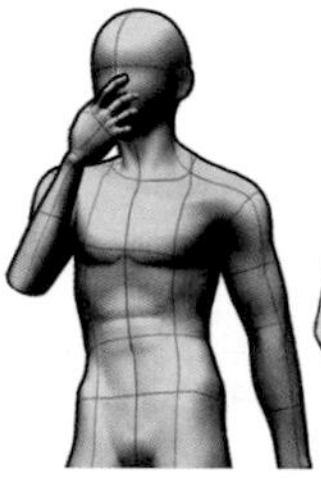

角度

採用偏仰角的視角能營造出戲劇性的場面。

搔臉頰

低著頭，稍微收起下巴。

以食指搔臉頰的舉動，描寫角色想隱瞞害羞的樣子。

另一手則放到背後，表現出女孩靦腆的個性。

抓頭

一隻手抓後腦勺的姿勢像是在說「真傷腦筋」，能表現出煩惱的心情。

另一手也加上動作，更能呈現出傷腦筋的氣氛。手叉在腰上，姿勢就會顯得很自然。

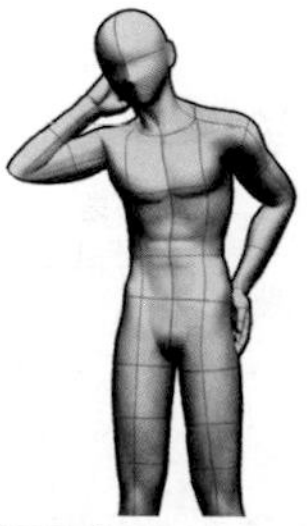

角度

採用從側面看的視角，將相機的高度調至與角色視線同高，能呈現出若無其事的自然氣氛。

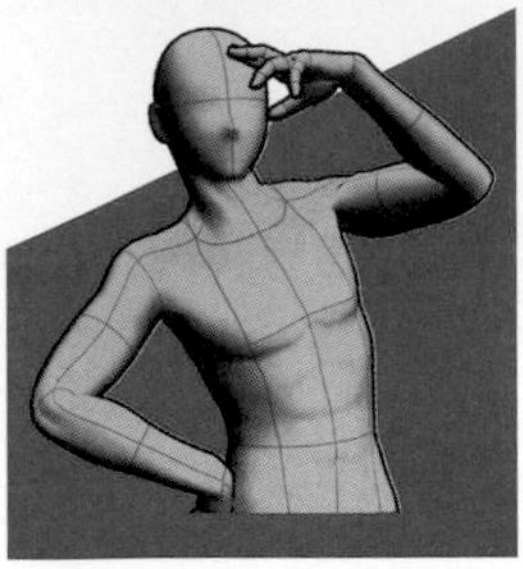

以手支撐頭昏的頭的姿勢

扶額

用手支撐低垂的頭的姿勢可以表現出暈眩或頭痛的樣子，亦可用於表達傻眼的心情。另外動作稍微誇大，呈現出耍帥的氣氛，看起來也很像裝腔作勢的姿勢。

裝腔作勢的姿勢

另一手叉腰，流露出裝腔作勢的氣氛。

如同感到暈眩似地用手支撐側彎的頭部姿勢，表現出角色自戀的模樣。

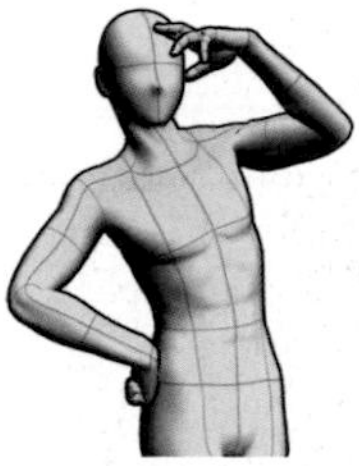

角度

採用稍微從側面看的視角，就能看清楚舉起的手的姿勢。

傻眼

閉上眼睛，用手壓著頭做出「真是的」的傻眼姿勢。

身體不舒服

描繪出低著頭閉上眼睛，一臉不舒服的表情，來表現出身體不舒服的樣子。

一手按著頭部，另一手則無力垂下。

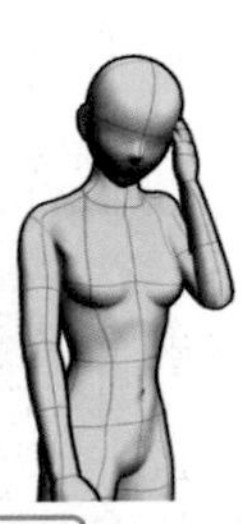

角度

採用俯瞰視角能使臉部及身體往下低，強調身體不舒服且虛弱的樣子。

剪裁 保留肩膀以上的部分

只要能看見傾斜的頭部、按著頭的手以及肩膀一帶，扶頭的姿勢就能成立，因此裁切胸部以下的部分採用胸上鏡頭也沒問題。

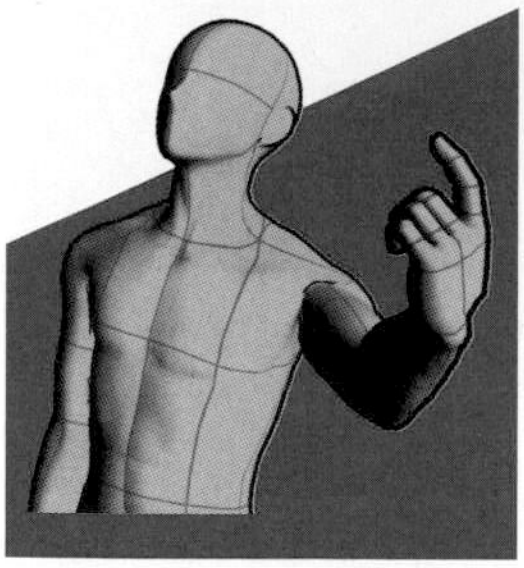

挑釁邀請對方的姿勢

勾手指

在動作及打架的場面等，用於挑釁並誘導對方時的姿勢。將手背及食指朝向對方，然後往自己方向勾動手指。很適合充滿自信的角色。

以手指挑釁

向對方伸出食指的姿勢不僅挑釁度高，也能強調自信滿滿的樣子。

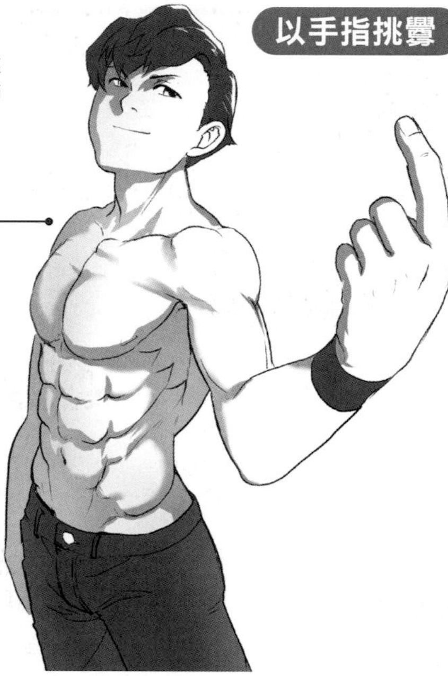

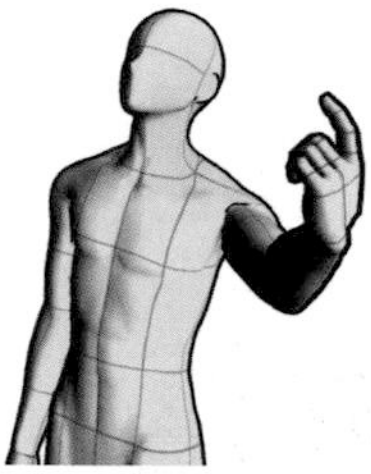

角度

採用能讓伸出的手位在前方，充分展現經過鍛鍊的身材的視角。

大方地招手

四指併攏，露出表面恭維、內心瞧不起的感覺。

挺起胸膛，單手叉腰，呈現出落落大方且強悍的印象。

輕輕勾手指

以最低限度的動作叫喚人的姿勢。藉由描繪食指的動作，給人滑稽的印象。

食指豎起勾手指，雖然沒有採用強調手部的視角，卻能夠傳達放鬆的狀況。

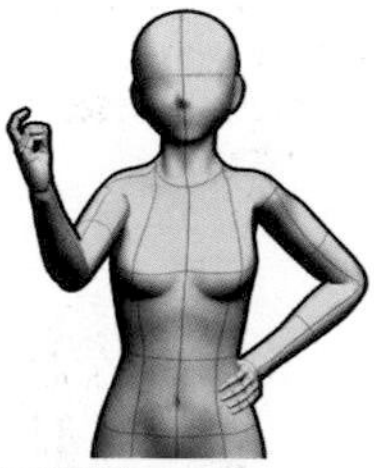

角度

採用正面視角會降低戲劇性的感覺，加強滑稽的印象。

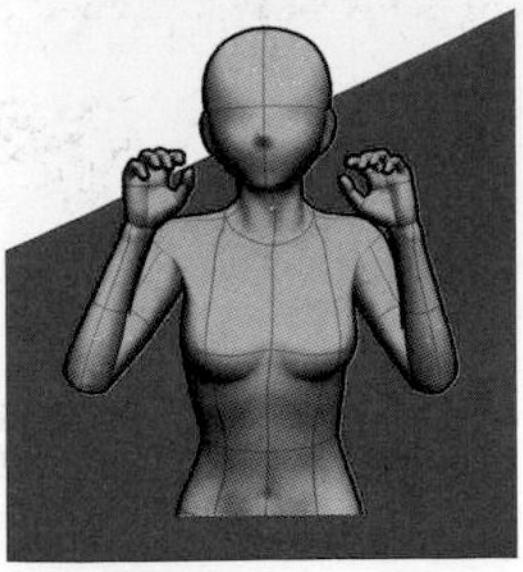

模仿動物呈現可愛感

動物的手勢

模仿動物的動作所做的姿勢，像是雙手握拳做出招財貓的手勢，或是雙手張開放在頭上比作兔耳等。基本上，都是手擺在臉旁做手勢。

貓手

兩腋張開，雙手握拳並揮動手腕。

眨眼睛能提高可愛度。

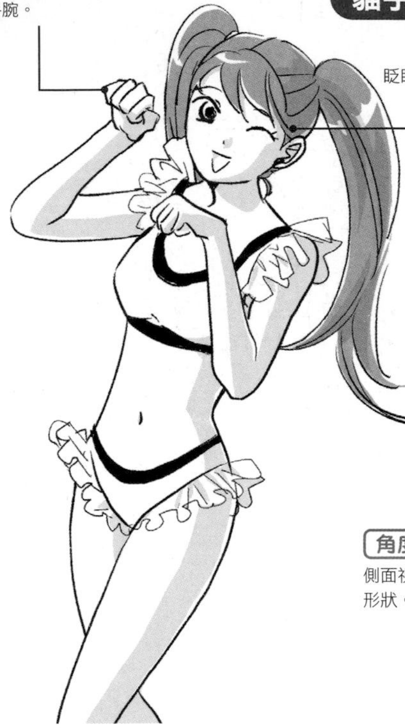

角度

側面視角較容易展現手勢的形狀。

可愛地偷襲

在臉部兩側伸出雙手。

手指微彎，發出可愛的吼聲，給人熊來襲的印象。

角度

正面視角能呈現出角色朝對方撲來的感覺。

拘謹的貓手

夾緊兩腋做出小動作的貓手姿勢，給人拘謹的印象。

剪裁 展現手臂形狀

這個姿勢只特寫臉部也能夠傳達魅力，不過在剪裁時最好能在某種程度上將手臂框進畫面。

熊手

手指微彎，雙手舉起的姿勢，在離臉遠一點的地方舉起雙手，就會給人大熊來襲般的誇張印象。

畫成左右手位置不一，替姿勢加點動感。

招財貓的手

在臉旁握手做出招財貓的手勢。

以單手支撐身體。

露出手背

以誇大的方式畫出彎曲手腕露出手背的模樣，就會顯得可愛。

兔手

雙手張開如兔耳般，擺在頭部兩側的姿勢。

將指尖畫得稍微朝外。

充滿自信的氣場為決勝關鍵

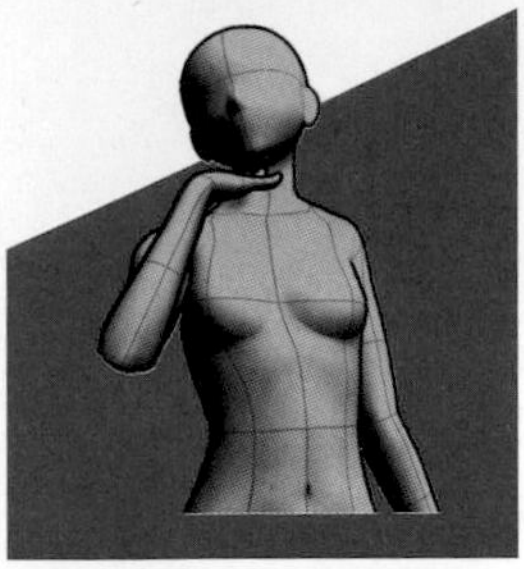

包在我身上

當周遭人遇到困難時，自告奮勇地說「包在我身上！」的姿勢，除了有手放在自己的胸膛宣告「我來」的姿勢外，也有豎起大拇指做出「OK！」的手勢。

握拳拍胸脯

手握拳放在胸膛上，表現出「由我來！」的感覺。如同範例所示，以握拳的手表現出勇敢。

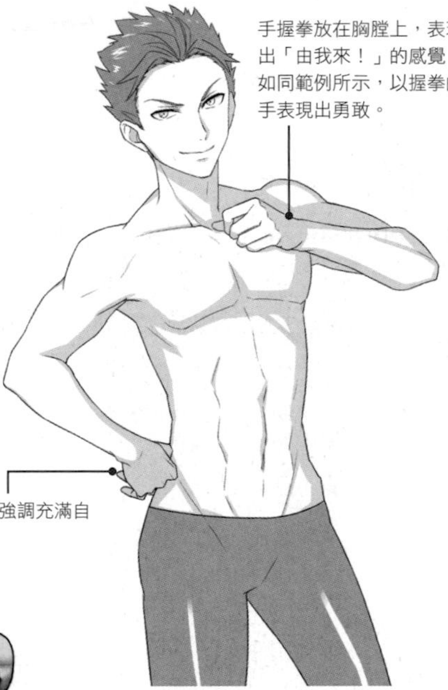

另一手叉腰。強調充滿自信的感覺。

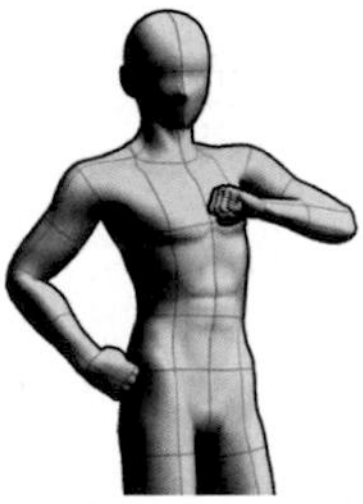

角度

採用幾近正面的視角，拍胸脯的手就會位在畫面中央一帶，能充分突顯手勢。

手掌張開放在胸口上

手指彎曲放在胸口上，表現出「我才是」的姿勢。

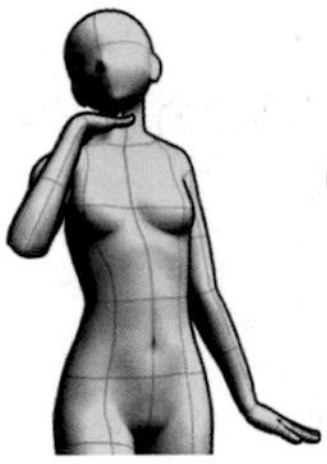

角度

仰角具有放大呈現對象的效果，呈現出角色充滿自信的感情。

豎起大拇指

藉由全面伸出豎起大拇指的手，強調角色爽快答應的感覺。

剪裁 **上半身的氣氛很重要**

將上半身框進畫面中，不要裁切，不僅較容易傳達角色上半身的動作，也能充分傳達角色說「包在我身上」的氣氛。

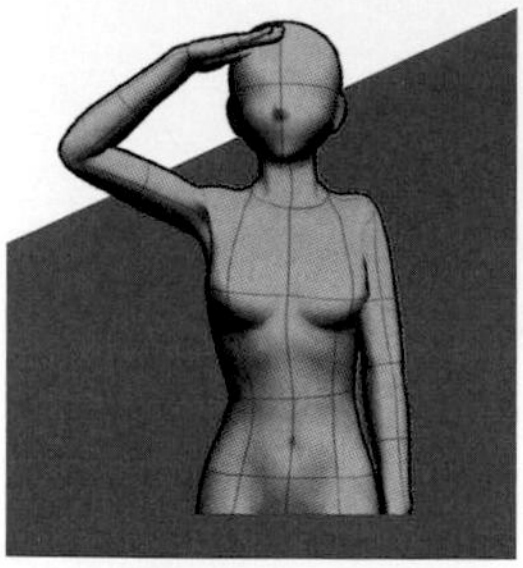

表示敬意與了解的姿勢

敬禮

敬禮的姿勢會隨著角色與情境的不同而改變，像是表示敬意的敬禮時，手會筆直伸展；帶有耍寶感覺的敬禮則會表現出放鬆慵懶的動作等。

手抵在額頭上

手肘張開，手掌緊貼額頭行敬禮的姿勢，很適合充滿朝氣又活潑的角色。

使沒有行敬禮的手的食指稍微彎曲，就會呈現動感。

角度

採用側面視角，能讓敬禮的手勢顯得立體。

敬禮示意

像刑警等角色敬禮時會直立不動。

另一手同樣也五指伸直併攏，筆直垂下。

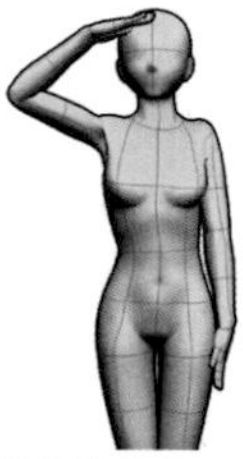

角度

正面視角能強調姿勢端正的角色認真的個性。

耍寶的了解手勢

敬禮的手沒有伸直，呈現放鬆的感覺，就會變成耍寶的動作。

臉朝與敬禮的手反方向微微側彎，可提升可愛度。

手部放鬆

因為是在放鬆狀態時敬禮，手的形狀略為彎曲，表現出手部放鬆的樣子。

最適合惹人憐愛的角色

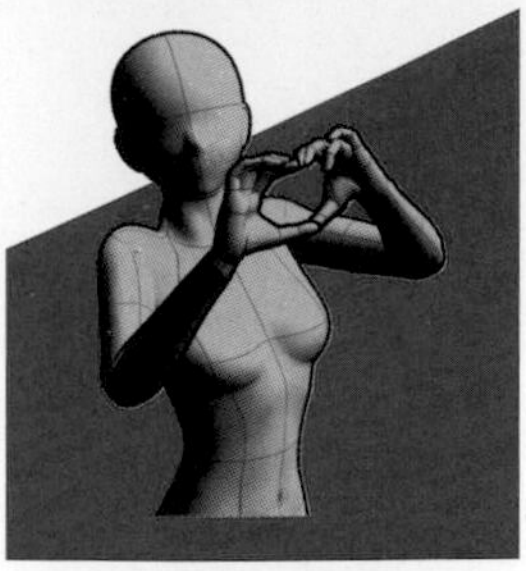

比愛心

將左右兩手的食指及大拇指相碰比愛心的姿勢，能直接可愛地表現出親愛之情。改變心型的位置與大小就能改變氣氛，做出各種變化。

在臉旁

在臉旁比愛心手勢能強調角色的表情。

仔細描繪一根根纖細手指的動作，呈現出優雅的感覺。

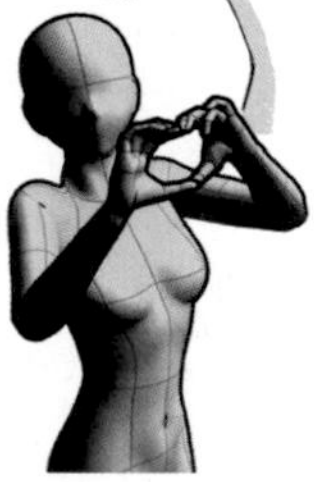

角度

想清楚呈現手臂線條，強調手勢時，最好採用側面視角。

在胸前

比愛心的手靠近胸口，更能強調角色的可愛。

角度

想漂亮地展現心型時，則採用從正面看的視角呈現比愛心手勢。

在下巴下方

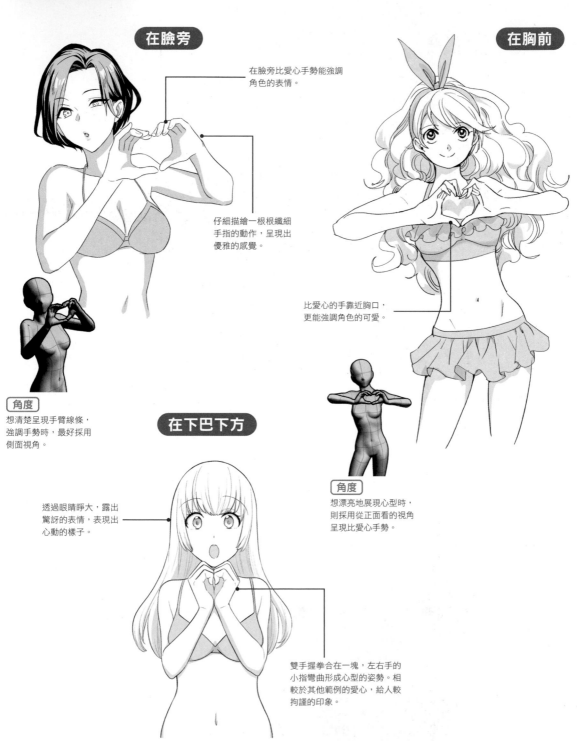

透過眼睛睜大，露出驚訝的表情，表現出心動的樣子。

雙手握拳合在一塊，左右手的小指彎曲形成心型的姿勢。相較於其他範例的愛心，給人較拘謹的印象。

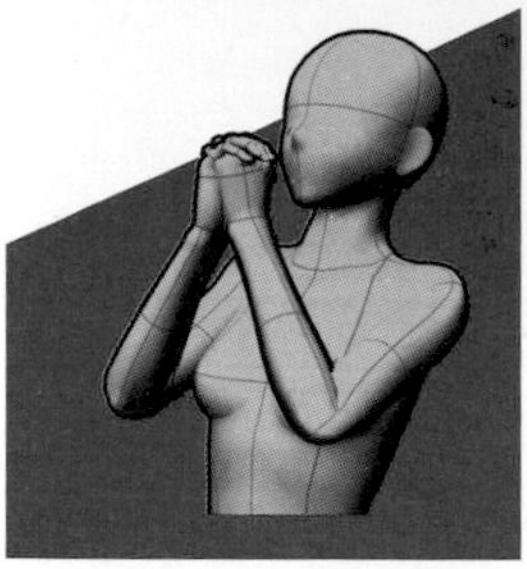

向神明祈願的姿勢

祈禱

閉上眼睛，雙手交叉在胸前或面前的姿勢。不只在教會等特定場面，也常用於求神保佑願望實現的場景。在走投無路時祈願的場面，可藉由嚴肅的表情來表現強烈的念頭。

向上天祈禱

臉朝向天空，雙手舉到面前十指交叉，做出向天祈禱的姿勢。

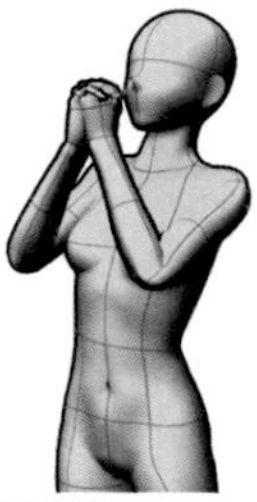

角度

採用側面視角的話，能強調側臉的輪廓及柔軟的手臂。

祈禱的基本姿勢

兩腋夾緊，雙手十指交叉置於胸前並閉上眼睛，是祈禱的基本姿勢。

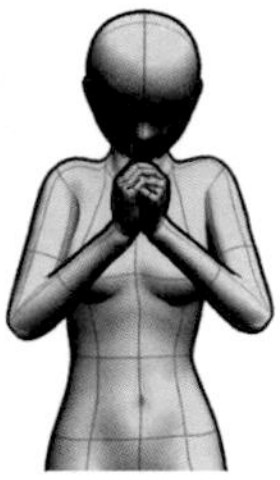

角度

採用正面視角能表現出祈禱姿勢的對稱之美。

忘我地祈禱

閉上眼睛低著頭，就會呈現忘我祈禱的感覺。

身體微微前屈，以緊握的雙手抵住嘴巴的祈禱姿勢。

Tips 呈現向天祈禱時的背景

不光是角色，也可藉由加入背景的方式來決定視角。在祈禱姿勢採用仰角，就會呈現相機對著天空（室內則是天花板）的構圖，強調祈禱的對象為「天空」。

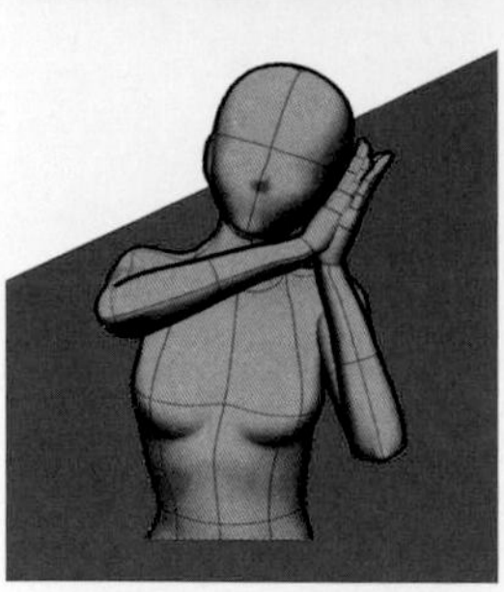

雙手合十呈現可愛感

雙手合十

雙手合十的情境相當多樣化，像是感謝、打招呼及一般動作等。雙手合十時會收起腋下，具有讓身體顯小的效果，是想表現可愛感時會使用的姿勢。

擅長撒嬌

做出雙手合十的姿勢，向人說：「謝謝！」、「幫了我大忙！」

合十的手稍微傾斜放在臉旁的位置，能給人擅長撒嬌的印象。

角度

想呈現表情時採用正面視角。

雙手在身體前方合十

兩手指尖相碰，在身體前方合十，就變成帶有「接下來」、「好了」等感覺的姿勢。

描繪時要注意指尖張開的平衡。

角度

上圖姿勢最好採用側面視角，比較容易畫出合十的手。

呼氣暖手

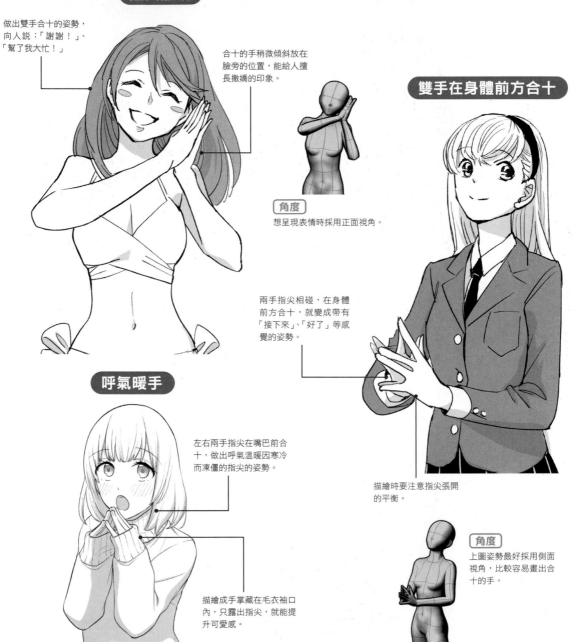

左右兩手指尖在嘴巴前合十，做出呼氣溫暖因寒冷而凍僵的指尖的姿勢。

描繪成手掌藏在毛衣袖口內，只露出指尖，就能提升可愛感。

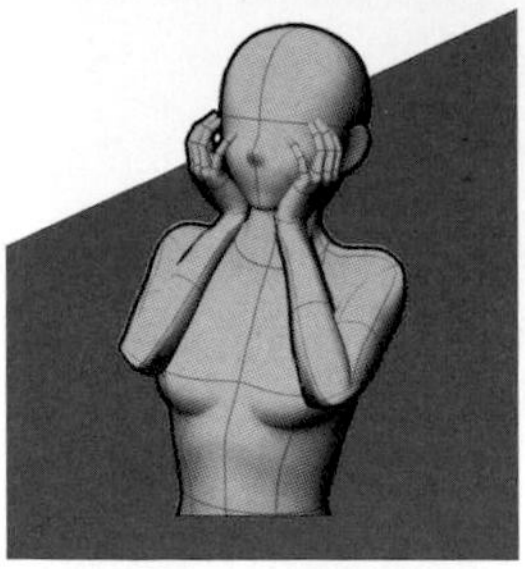

用兩手圍住臉的姿勢

雙手托下巴

用雙手順著臉部線條圍住臉頰的姿勢，是女孩想讓自己顯得可愛時做的姿勢之一。害羞或吃驚時，以及覺得食物很美味時都能使用。

歪著頭

雙手圍住下巴到臉頰的姿勢能強調臉部，凸顯角色的視線與表情。

臉及上半身稍微側彎，傳達感情。

手肘不要張開，給人的印象會比較自然。

角度

採用正面視角就能看出身體側彎的姿勢。

手緊緊壓著臉

收起腋下，手緊緊壓著臉，就能呈現出細品喜悅的氣氛。

稍微抬起壓緊的臉頰。像這樣藉由描繪雙手用力的樣子，表現興奮的感情。

輕輕圍住臉頰

兩手輕輕圍住臉頰的姿勢。想呈現臉蛋時，可以將手放在不會遮住臉的位置。

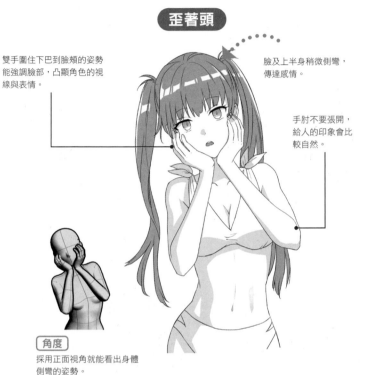

角度

如同範例所示採用側面視角，就能藉由收緊腋下來強調向中央集中的胸部。

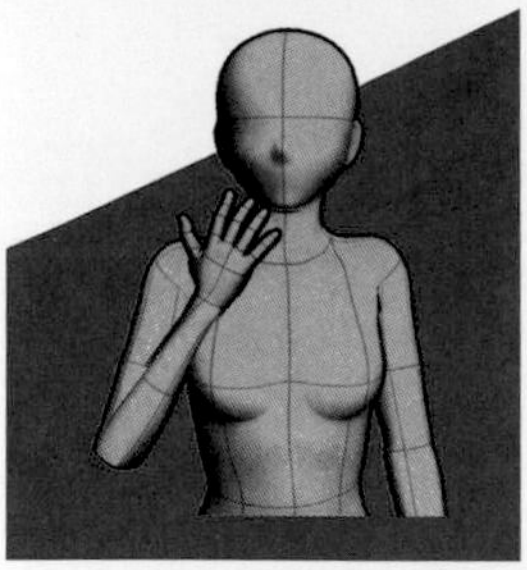

眼睛睜大、手遮嘴巴為基本姿勢

吃驚

得知某件衝擊性的事實時或是看到不該看的東西等，不禁大叫出聲時做的姿勢。以手遮口、倒抽一口氣的舉動愈誇張，愈能傳達出驚訝的感覺。

基本的驚訝姿勢

使單手的掌心朝向自己的方向，放在嘴邊。眼睛睜大、嘴巴半開，就能呈現驚訝的感覺。

另一手自然垂下。

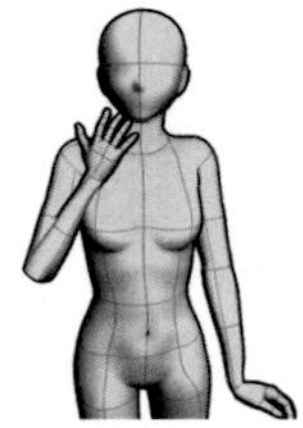

角度

想清楚呈現驚訝表情時採用正面視角。

雙手指尖交叉

以雙手手掌覆蓋嘴巴的姿勢。這個舉動是用手遮住無意識下張大的嘴巴。

單手摀住嘴巴

用單手摀住嘴巴的姿勢。眼睛像是嚇一跳般睜得圓大。

角度

想讓驚嚇顯得更具戲劇性時，也可採用略偏仰角的視角。即使用手遮住嘴巴，只要採用稍偏側面的視角就能看出嘴巴張大的程度。

剪裁　光靠表情也能夠傳達驚訝

一臉驚訝會出現眉毛上抬、張口瞠目等許多特徵性的部分，除了胸上鏡頭外，特寫臉部表情也能夠傳達感情。剪裁時留意凸顯表情，就能讓表現更具魄力。

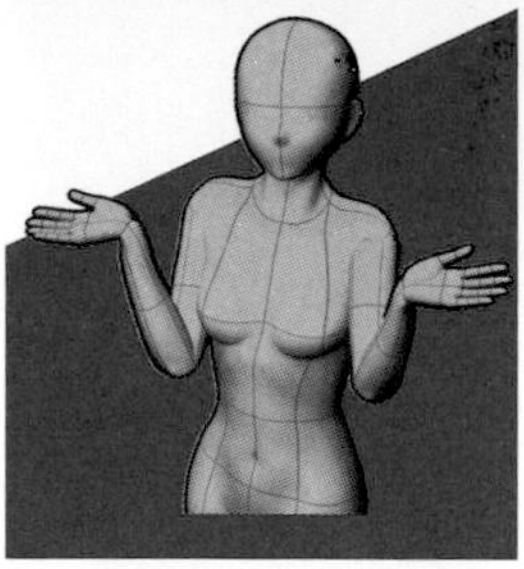

攤手投降的姿勢

投降

攤手向上表示「我輸了」或「舉手投降」的姿勢，是外國人及知性男子常做的動作。若是改成誇張的動作，也能強調詼諧的狀況。

舉雙手投降

聳肩縮身的舉動是基本。

在畫雙手投降姿勢時，要讓左右兩手的高度幾乎相同。

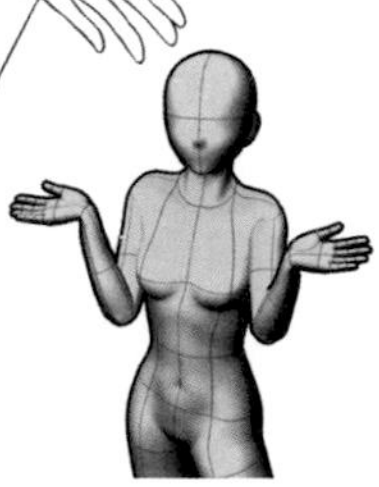

角度

俯瞰視角能讓角色顯小，適合縮起身子的姿勢。

舉單手投降

只舉起單手，手掌微彎的感覺給人自然的印象。

藉由手叉腰能強調令人傻眼的狀態。

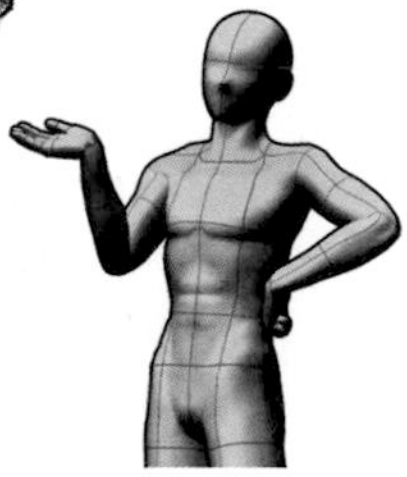

角度

在感情沒有太大起伏的場面，採用呈現若無其事感的側面視角。

上半身後仰

上半身稍微後仰，能傳達角色有些驚訝的印象。

透過向上攤開的手掌展現誇張的反應。

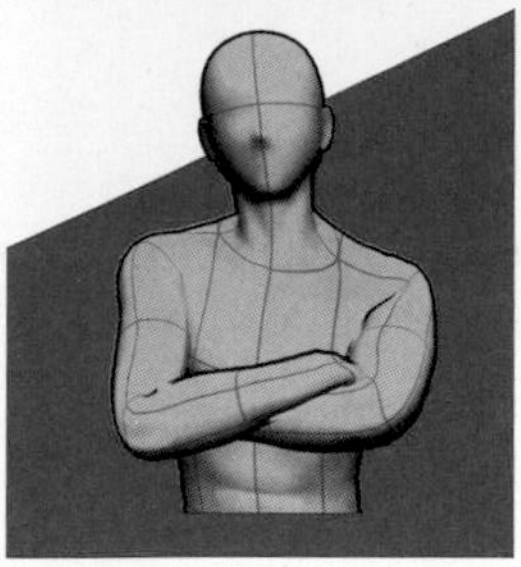

充滿自信氣氛的姿勢

雙手抱胸

雙手交叉在前的抱胸姿勢，能表現讓雙手放鬆休息的狀態及停下動作思考的場面。也常在強調冷酷角色的蠻橫態度時使用。

自然地抱胸

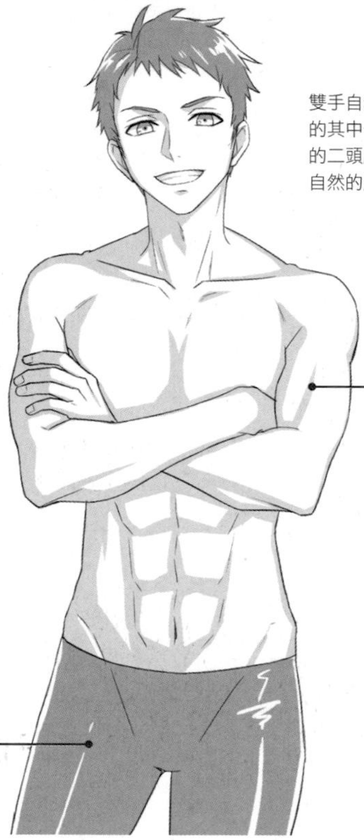

雙手自然地抱胸。交叉的其中一手放在另一手的二頭肌下方，呈現出自然的感覺。

兩腳稍微張開能增添動感。

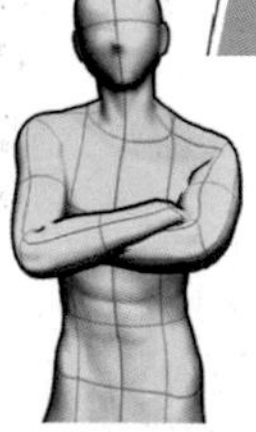

角度

想呈現抱胸的手勢時可採用正面視角。

斜向抱胸

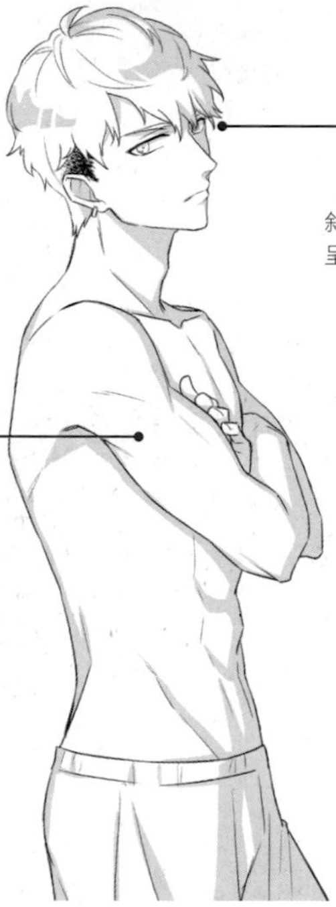

斜眼看人搭配抱胸動作呈現出威逼感。

抱胸的二頭肌隆起。

角度

採用從側面看的視角，營造出角色側目瞪人的表情。

注意手肘角度

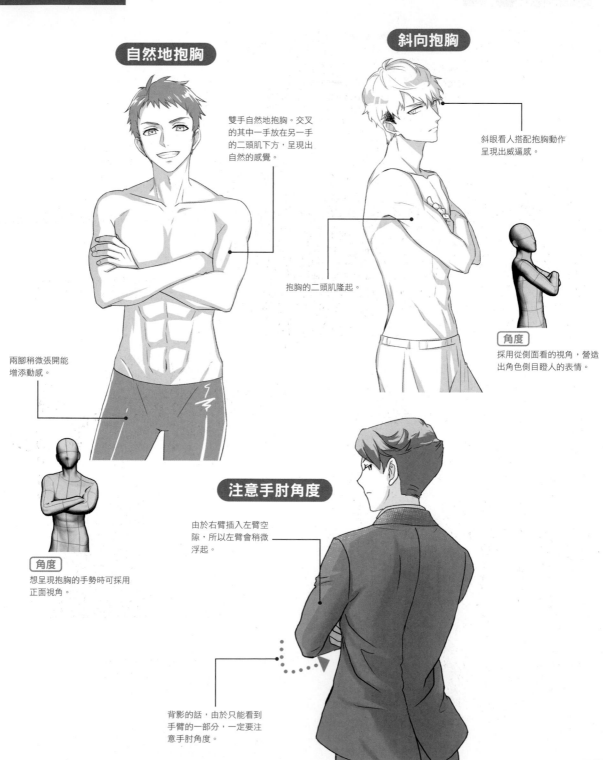

由於右臂插入左臂空隙，所以左臂會稍微浮起。

背影的話，由於只能看到手臂的一部分，一定要注意手肘角度。

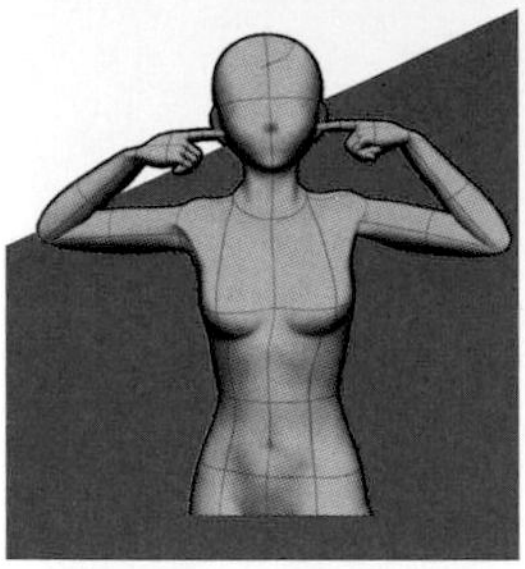

用手壓住耳朵隔絕聲音

摀住耳朵

用兩手塞住耳洞隔絕聲音的舉動。不妨記住幾種摀住耳朵的情境，像是聽到噪音時、被罵時，以及老是因為同一件事情被念，不想繼續聽人說教的時候等等。

以食指塞住耳朵

以食指筆直插進耳洞，阻擋聲音進入耳朵的姿勢。

將左右手及手指高度畫成一樣高。

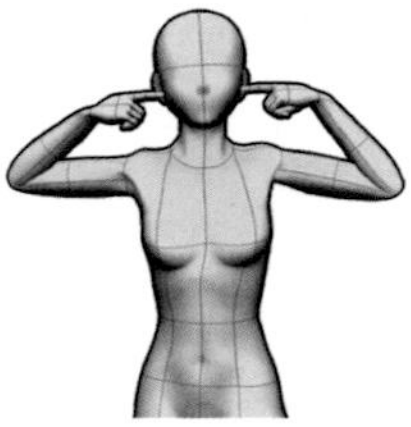

角度

採用正面視角呈現左右對稱的姿勢，給人幽默的印象。

邊發抖邊摀住耳朵

兩腋大幅張開，用手掌緊緊摀住耳朵。

畫出身體發抖的樣子就會變成誇張表現。傳達出打從心底拒絕聆聽的念頭。

埋頭專心

稍微收起腋下，雙手緊緊摀住耳朵，不過表情卻相當開朗，給人樂在其中的印象。

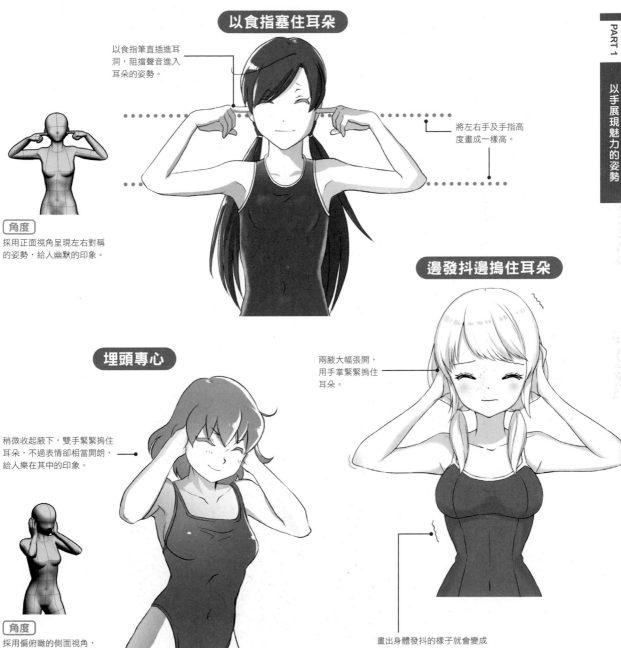

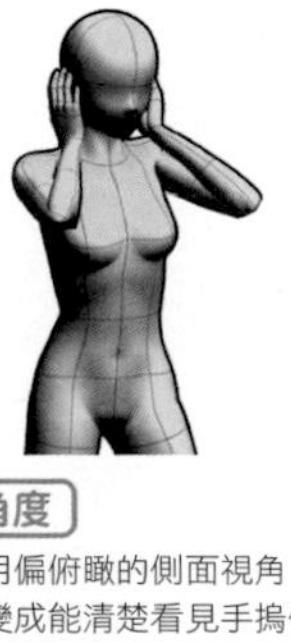

角度

採用偏俯瞰的側面視角，就變成能清楚看見手摀住耳朵的構圖。

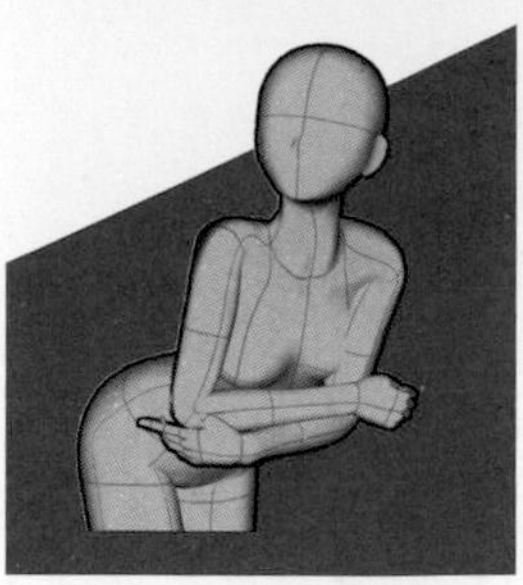

強調胸部的豐滿

捧胸

抱胸展現雙峰的姿勢。透過改變捧胸的方式及相機的視角，就能做出各種表現。用手捧胸或是身體前傾，就能強調胸部的豐滿與乳溝。

兩手捧胸

兩手在胸部下方稍微交叉抱胸的姿勢。由於以雙手圍住胸部，更能夠強調雙峰。

身體前傾

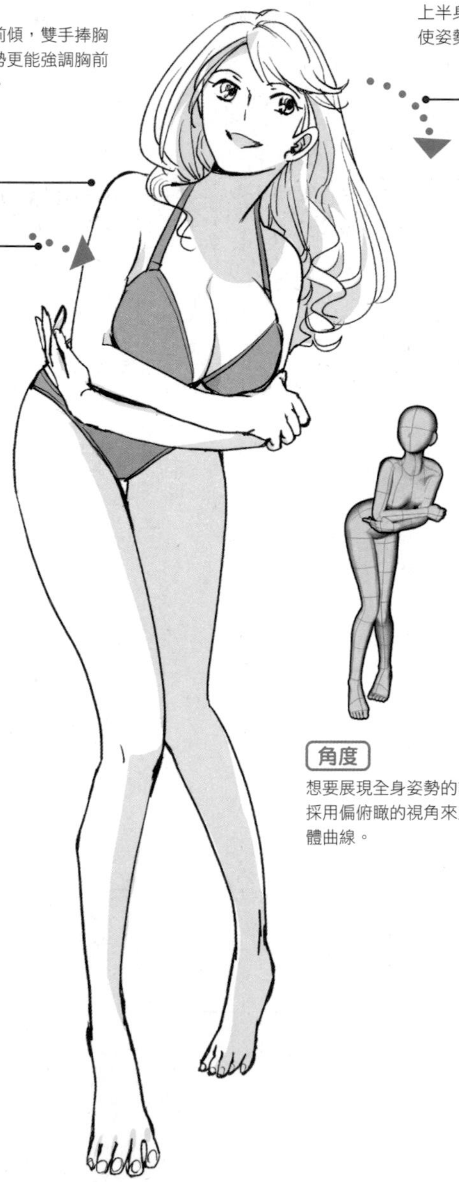

身體前傾，雙手捧胸的姿勢更能強調胸前乳溝。

上半身稍微側彎，使姿勢帶有動感。

兩腋夾緊，使胸部集中。

角度

想要展現全身姿勢的話，可採用偏俯瞰的視角來呈現身體曲線。

單手捧胸

以單手抓住另一手手臂，並抬起胸部。

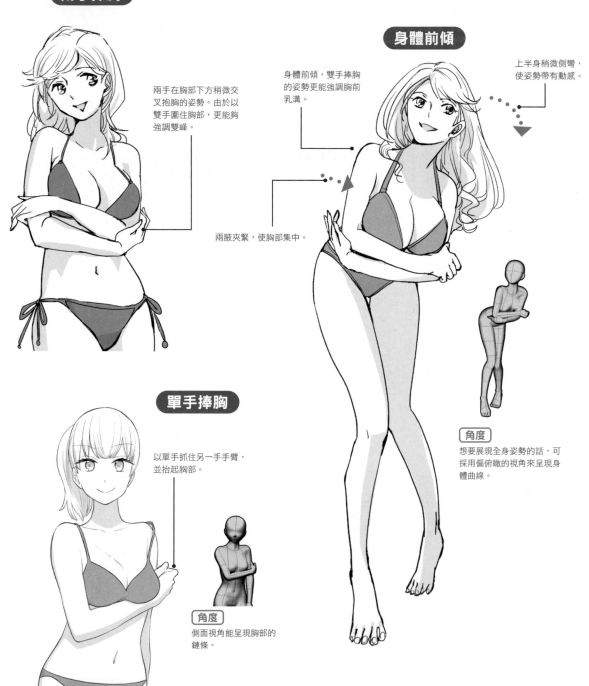

角度

側面視角能呈現胸部的鏈條。

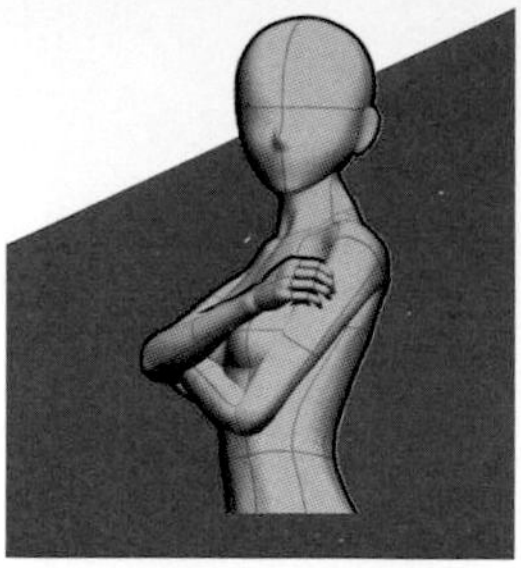

表現出保護自己的心情

抱自己

抱自己是用自己的手抱住自己身體的姿勢。能夠表現出溫暖身體不受寒冷侵襲的場面，或是保護自己免於受到精神打擊的心理等。

別過視線

藉由刻意將視線移往旁邊，表現出陷入沉思的樣子。

改變左右手壓住二頭肌的位置，就能呈現動感。

看著相機

側著身體，視線卻看著相機的姿勢，看起來像是用手遮住胸部的樣子。

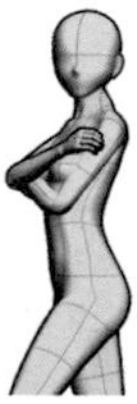

角度

採用側面視角呈現遮住胸部的姿勢。

露出背部

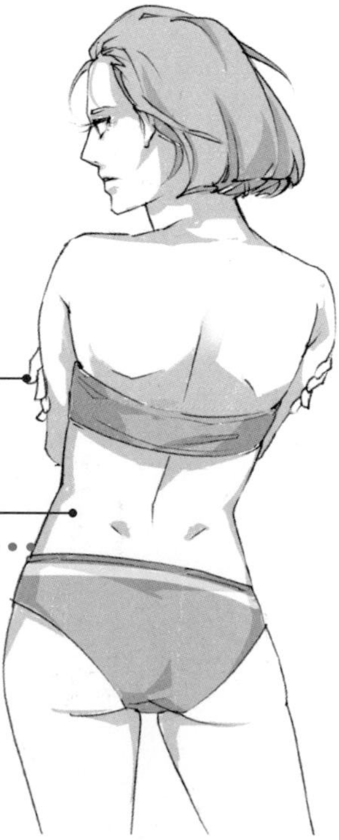

從背後看抱自己的姿勢，能稍微看到從二頭肌露出的指尖。

背對的姿勢適合用來呈現角色消極的心理與悲傷等。

腰部位置往側邊挪，可以強調腰部曲線。

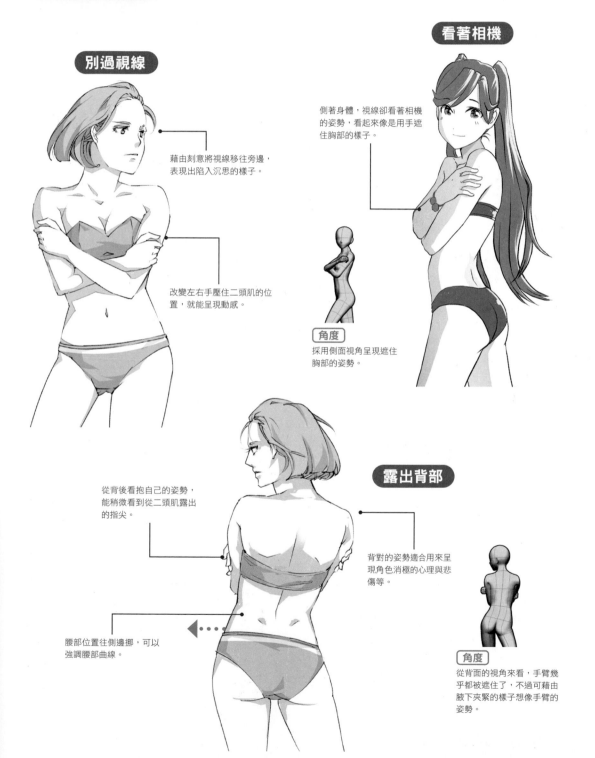

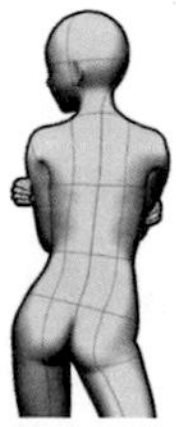

角度

從背面的視角來看，手臂幾乎都被遮住了，不過可藉由腋下夾緊的樣子想像手臂的姿勢。

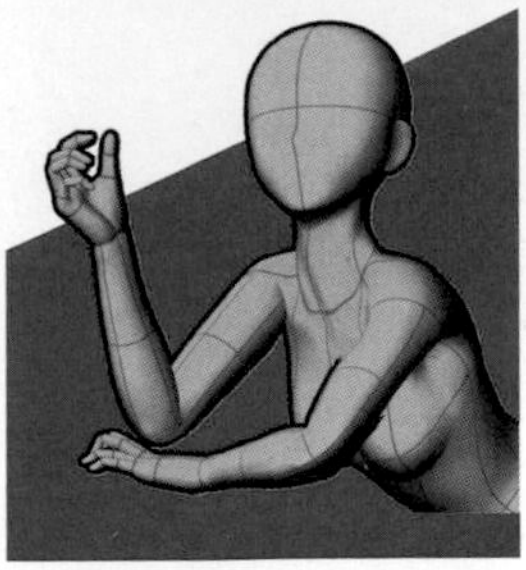

展露玩心的姿勢

玩頭髮

心不在焉地聽對方說話時或閒得無聊時會做出玩頭髮的舉動，若能給人不自覺做出的印象，就會顯得很自然。還有將頭髮纏在手指上、抓起一束頭髮等變化。

玩弄頭髮

在聽對方說話時感到無聊而單手玩頭髮的姿勢。

手肘放在桌上能加強感到無聊的印象。

角度

採用側面視角讓長髮更好看。

用手指捲頭髮

將頭髮纏在手指上玩頭髮的姿勢，很適合捲髮及自然捲的角色。

把頭髮抓成雙馬尾

雙手豪爽地抓起兩束長髮成雙馬尾的姿勢，給人玩鬧地說「這種髮型如何？」的印象。

畫出捲起的髮尾，呈現流行感。

在範例中，角色的視線看著指尖，意識到捲起的頭髮。若是不自覺玩頭髮的話，最好改變視線。

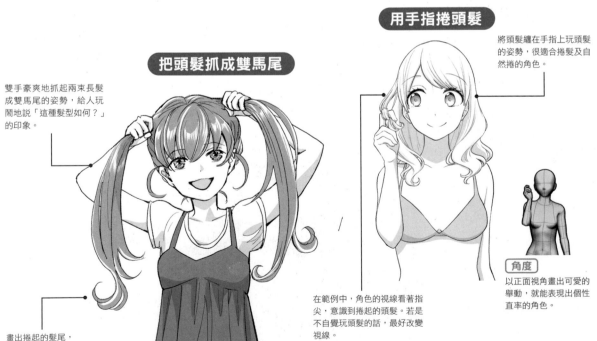

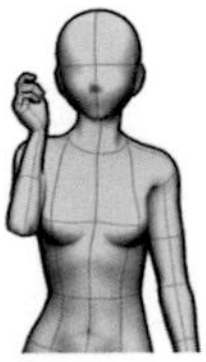

角度

以正面視角畫出可愛的舉動，就能表現出個性直率的角色。

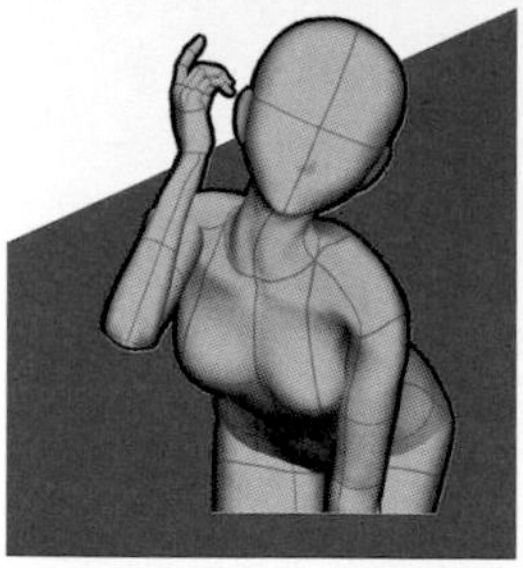

將長髮掛在耳朵的舉動

將頭髮掛在耳朵

將頭髮掛在耳朵的舉動是日常生活場面的姿勢。藉由頭髮掛在耳朵的動作能讓讀者的視線集中在臉上，加深臉部表情的印象。將頭髮掛上耳朵的動作一般是用食指。

平面寫真風

藉由手放在耳旁將頭髮掛到耳朵上，給人自然的印象。

左手放在向前伸的左腿上支撐前屈的上半身，做出自然輕鬆的姿勢。

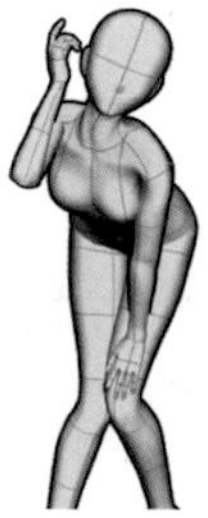

角度

正面視角容易讓角色顯得平面，身體前屈做出這個姿勢會顯得較立體，使畫面不會流於平面單調。

露出側臉

側面視角能強調側臉的印象。

手臂大幅彎曲，但手肘不要抬太高，以免遮住臉。

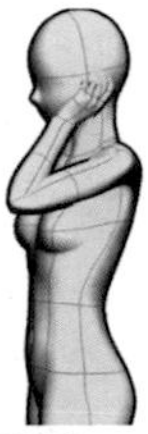

角度

這個視角能看清楚將頭髮掛在耳朵上的手臂姿勢。

被風吹拂

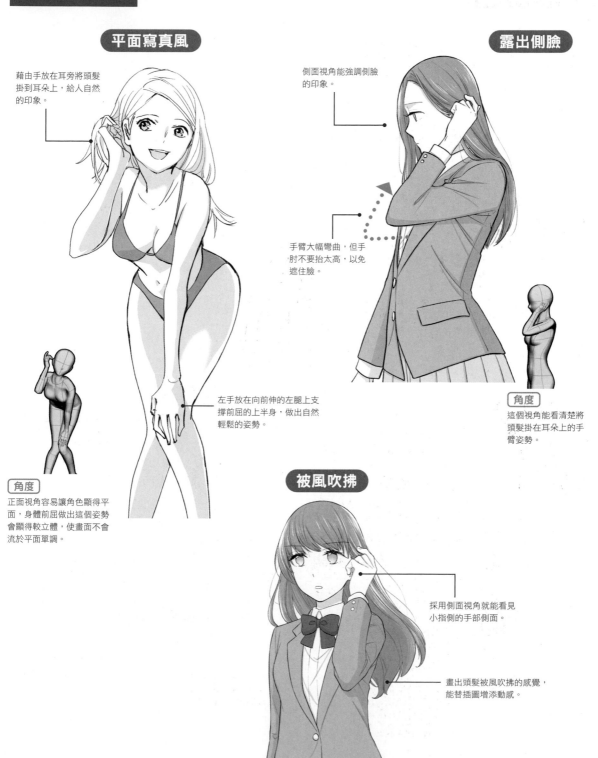

採用側面視角就能看見小指側的手部側面。

畫出頭髮被風吹拂的感覺，能替插圖增添動感。

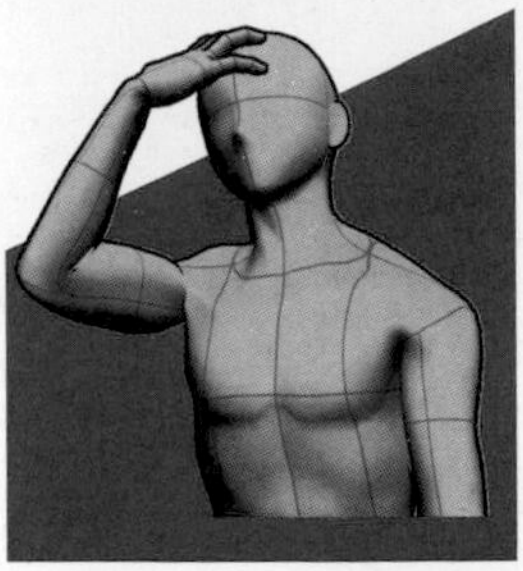

顯得狂野隨性

撥頭髮

藉由撥頭髮時的視線與抬手的方式，使隨性撥頭髮的姿勢散發出性感或狂野的氣氛。可視髮量多寡改變撥頭髮的手的位置。

性感

若是撩起短髮，手的位置約位在額頭上方。

小指與其他手指稍微分開些，以免手指的排列顯得單調。

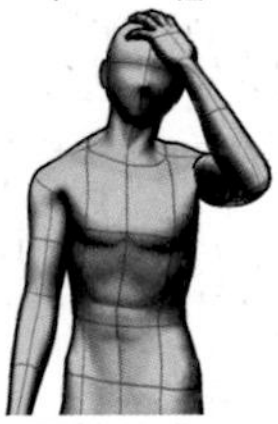

角度

採用正面視角的話，能加強角色直視對方之類的表情的印象。

狂野

從指間稍微露出些許頭髮，能加強以手狂野地撥起一頭亂髮的印象。

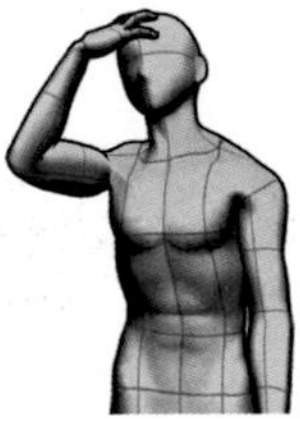

角度

採用略偏仰角的視角，就能呈現居高臨下的表情。

撩起長髮

撩起長髮時，使手的位置比撩起短髮時更往上，表現會更寫實。

高舉起手臂撥頭髮，另一手則叉在腰上，藉此保持兩手姿勢的平衡。

展現漂亮的二頭肌線條，營造出女人味。

綁馬尾的舉動

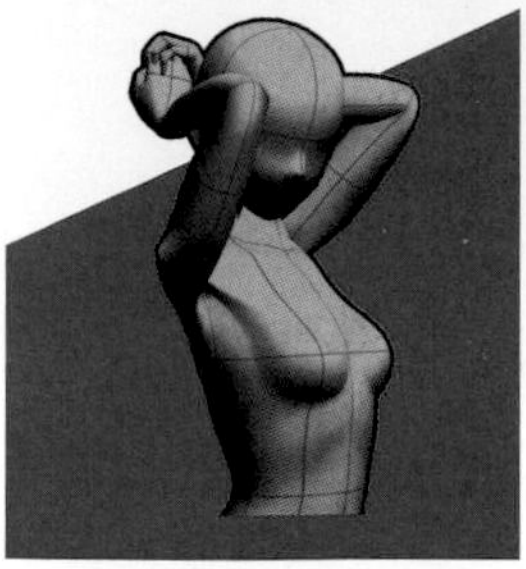

綁頭髮

綁頭髮的姿勢最好採用側面視角進行描繪。可以看出高舉的手臂線條及腋下、背部到臀部線條的凹凸起伏，使插圖更好看。讓人從日常生活的一幕中感覺到性感。

手臂線條優美

手伸到後方綁頭髮時，上半身會往後仰，變成挺胸的姿勢。

角度

側面約45度是能讓後仰的身體線條顯得更美的視角。

嘴咬橡皮筋

使角色嘴巴咬著橡皮筋，能在可愛中增添些許性感。

畫出呈S曲線的胸部及臀部線條，看起來就會很漂亮。

綁頭髮的背影

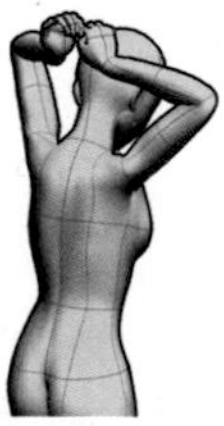

角度

背後視角能呈現出綁頭髮的舉動及後頸的美感。

由於手臂舉起，肩膀也跟著上抬。

強調背部，呈現出優美的腰部曲線。

從指間露出來的表情是重點

用手遮臉

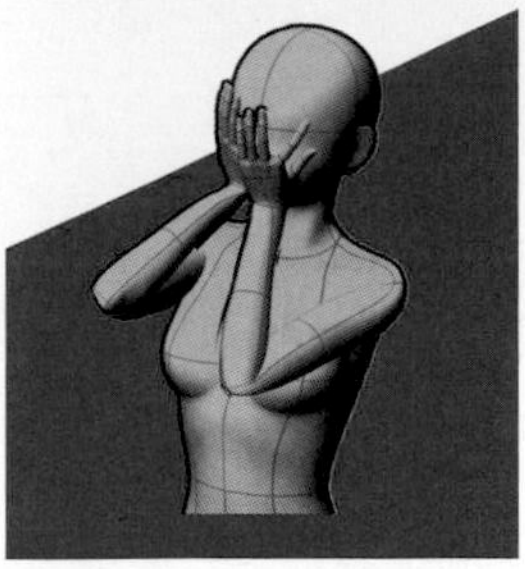

讓人想遮住臉的情境五花八門，諸如感到害羞或是看到可怕的東西時等。最好衡量手指與指間露出的表情的平衡，調整手指張開程度。

害羞的瞬間

雖然用雙手遮住臉，卻能從指間的隙縫看到困惑的雙眼與泛紅的臉頰。這是因害羞而遮住臉的姿勢。

使左右手指的張開程度幾乎相同，維持平衡。

充滿神祕感

將手當成面具般遮住臉的姿勢。很適合充滿神祕感的角色。

將臉畫得稍微朝下。

角度

比起正面角度，稍微側身的視角很適合充滿神祕感的角色。

想看可怕的東西

儘管雙手做出遮臉的姿勢，不過從指間露出的眼睛透露出不敢直視卻還是想看的心情。

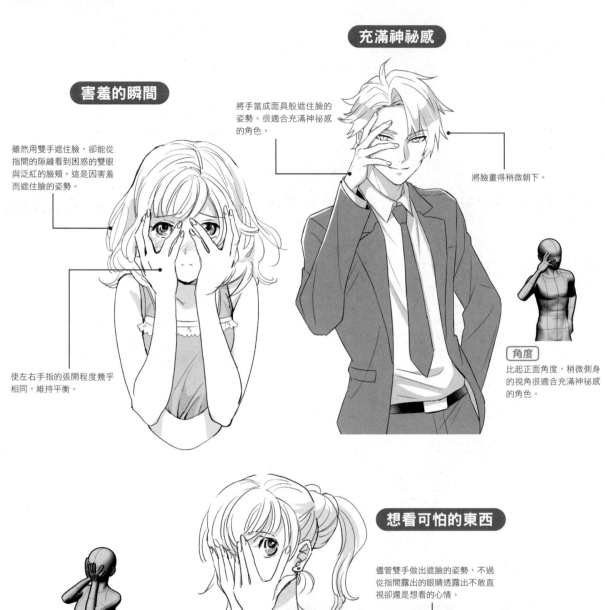

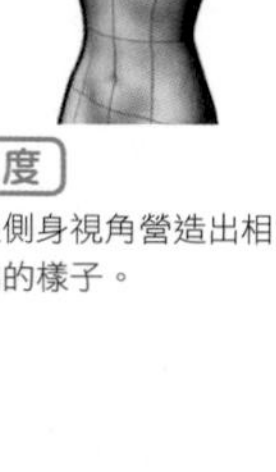

角度

透過側身視角營造出相當害怕的樣子。

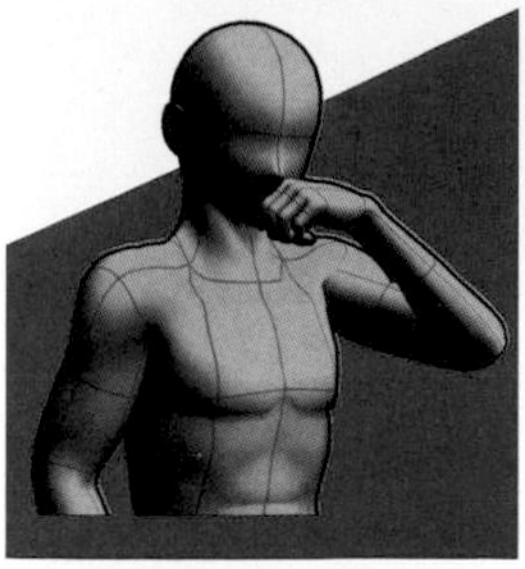

強調嘴巴的姿勢

用手擦嘴

擦拭嘴巴沾到的食物的姿勢能強調角色的可愛感。而擦拭打架時沾到的血跡的姿勢，適用於帶有狂野魅力的角色。

用食指擦嘴

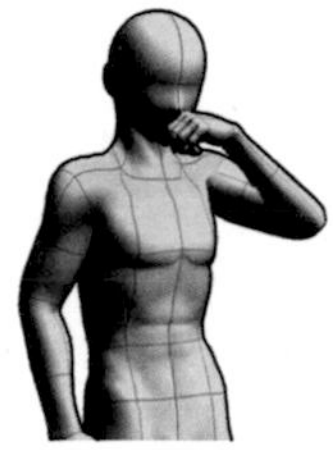

角度

採用與擦拭嘴巴的手相反的視角，就能看清楚擦嘴的舉動。

用食指擦嘴的姿勢。手掌微微握拳，感覺會比較自然。

用小指擦嘴

用小指擦拭嘴巴沾到的鮮奶油的姿勢。藉由在每根手指的動作加點變化，替姿勢增添動感。

吐舌頭呈現惡作劇的氣氛。

用手背擦嘴

由於掌心向外能看到指尖，因此在每根手指的關節彎曲程度與伸展加上變化。

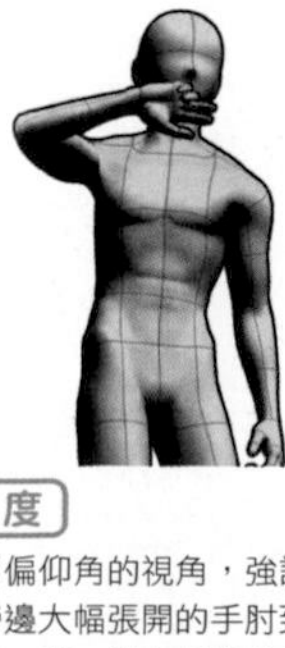

角度

採用偏仰角的視角，強調往旁邊大幅張開的手肘到腋下一帶，給人坦蕩的印象。

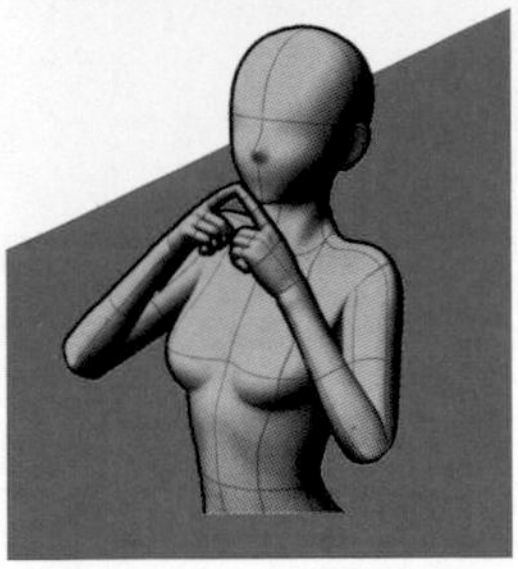

可愛的鬧彆扭姿勢

畏畏縮縮

角色彆扭時做的姿勢。以使用食指的可愛舉動為特徵，像是雙手食指合在一塊等。豎直的指尖會給人生硬的印象，最好將指尖畫成稍微後彎。

可愛地鬧彆扭

視線注視著對方，展現鬧彆扭的樣子。

左右手食指合在一塊。僅靠手指的小動作表現出鬧彆扭的可愛樣子。

角度

採用正統的側面視角能清楚展現手臂形狀。

在地上寫字

用手指在地上寫字是典型的鬧彆扭姿勢。

視線注視著地面。

抬眼凝視

抬眼凝視的鬧彆扭姿勢，呈現欲言又止的氣氛。

雙手指尖在身體的中心合在一塊，構成左右對稱的姿勢。

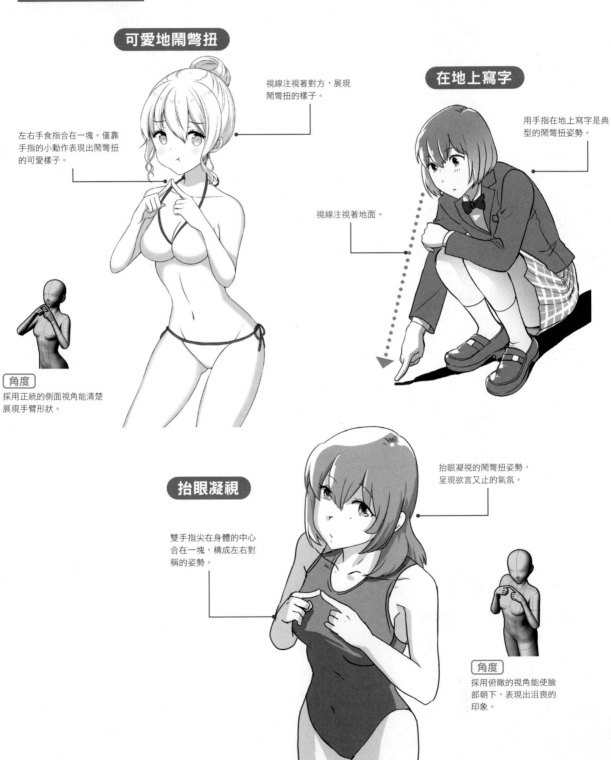

角度

採用俯瞰的視角能使臉部朝下，表現出沮喪的印象。

PART 2

用全身傳達的姿勢

在 PART 2，將以用全身傳達的姿勢
為中心進行解說。

模特兒站姿
叉腿站立
回頭看
露腋姿勢
く字站姿
單腳站立
跪坐
單膝跪地
匍匐
仰躺
後仰
俯臥
側躺
胎兒睡姿
盤腿坐
蹲下
坐下
翹腳
側坐
鴨子坐
抱腿坐
兩腿向前伸出
豎起膝蓋
步行
衝刺
摔倒
跳躍
著地
跳舞
漂浮
戰鬥姿勢
拳擊
踢
靠牆
伸展
有氧舞蹈
剛睡醒
芭蕾舞
肌肉

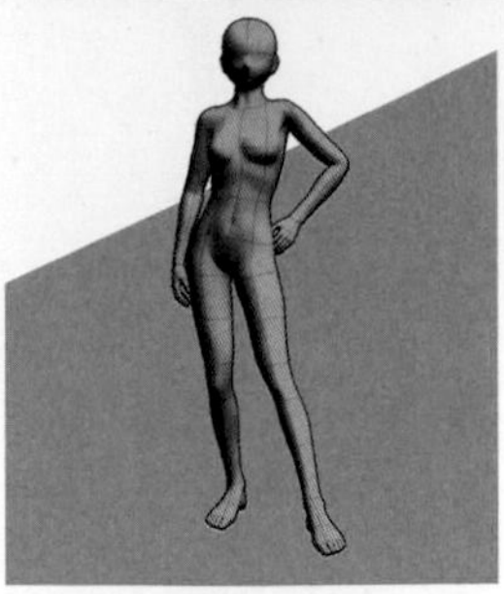

呈現優美站姿的基本姿勢

模特兒站姿

這裡說的模特兒站姿是指重心放在單腳上，手叉在腰上，呈現優美的站姿，是常見於時裝模特兒的姿勢。想展現全身模樣或是展露美麗的身體曲線時可以使用。

兩腳叉開

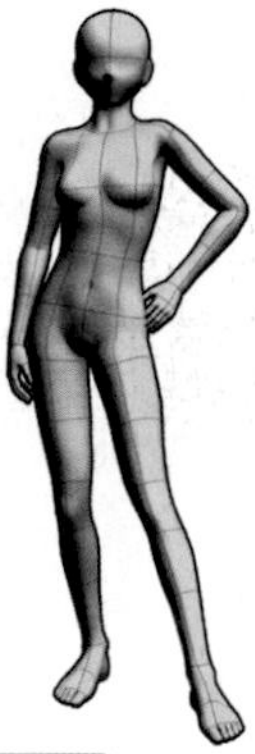

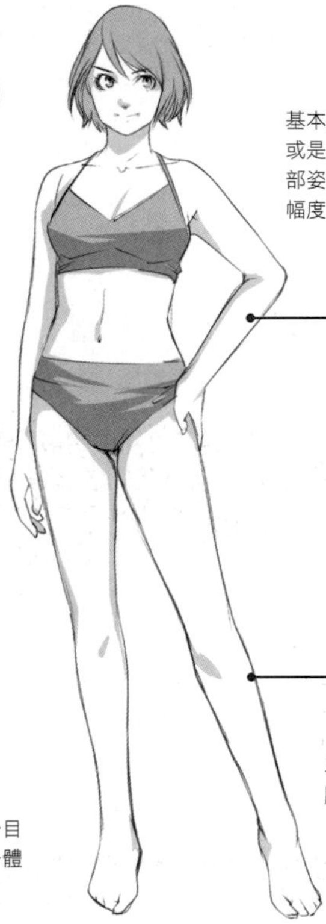

基本形式為手自然垂下或是叉在腰上。加上手部姿勢就能擴大變化的幅度。

單腳稍微往前伸，展現腿部線條為基本原則。

角度

基本的正面視角能一目了然地傳達角色的身體輪廓。

強調身體曲線

以姿態端正、抬頭挺胸為基本姿勢。這種姿勢很適合充滿自信的堅強女性角色。

角度

採用側面視角能展現正面不易看到的身體線條。建議在想強調胸部與臀部時使用。

雙腳交叉

雙腳交叉式模特兒站姿比雙腳叉開更能給人動感的印象。

單腳向前跨出，強調腿部線條美的姿勢。使腿部稍微朝內，腳尖向外，就會呈現優雅的感覺。

剪裁 展現身材比例

基本上模特兒站姿不需剪裁，而是採用展現全身比例的構圖。不過在想放大呈現角色時等需要剪裁的情況，最好從膝蓋以上裁切。

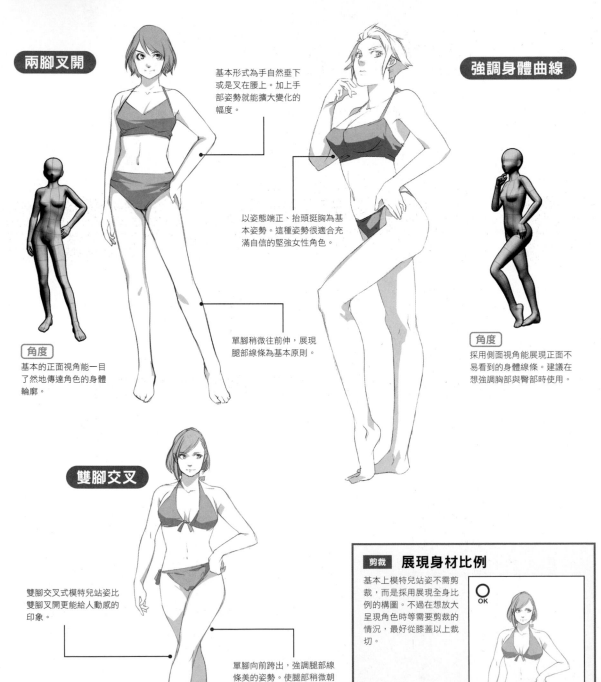

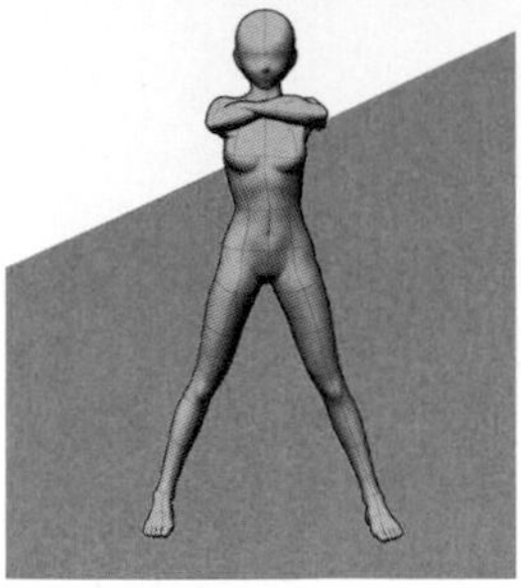

表現出強悍的單純姿勢

叉腿站立

叉腿站立是為了展現強大的力量，使自己的身體顯得強壯的姿勢。諸如將雙腳大幅張開，雙手抱胸展現強壯的手臂肌肉，或是雙手叉腰、抬頭挺胸。重點在於表情也要有氣勢。

雙手抱胸

雙手抱胸適合與叉腿站立搭配。雙手在偏上的位置抱胸，表現出使力的樣子。

雙腳打直，張得比肩寬還開。

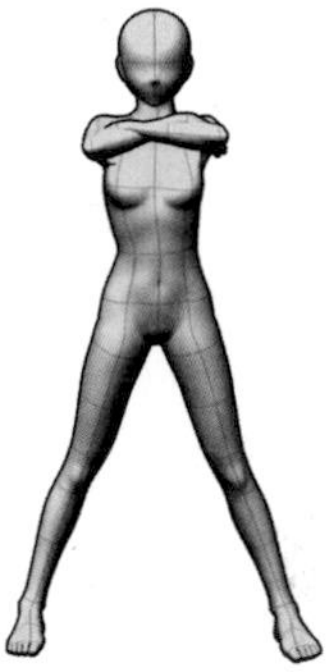

角度

正面視角適合用來表現出威風凜凜地叉腿站立的模樣。不僅能呈現不耍小花招的直率印象，還能表現出充滿自信的氣氛。

雙手在胸部下方抱胸

眼神銳利、嘴巴緊閉的表情能展現威嚴。

雙手放鬆多餘的力氣在胸部下方抱胸，呈現出動作自然的叉腿站立。

雙腿向外張開，呈現男子氣概。

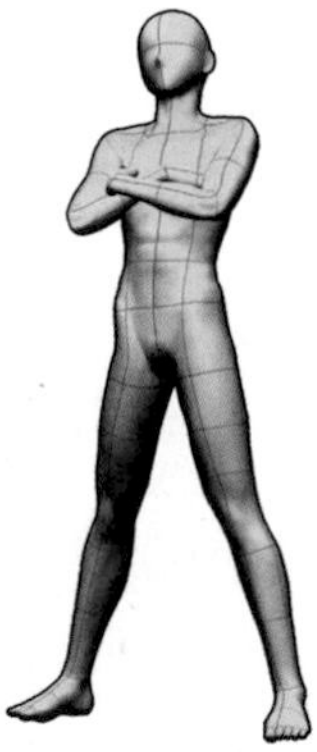

角度

如想展現身體線條就採用側面視角。想表現角色力量強大的話，則選用可放大表現對象的仰角。

雙手叉腰

雙手叉腰是叉腿站立的基本姿勢，更能強調逞威風的印象。

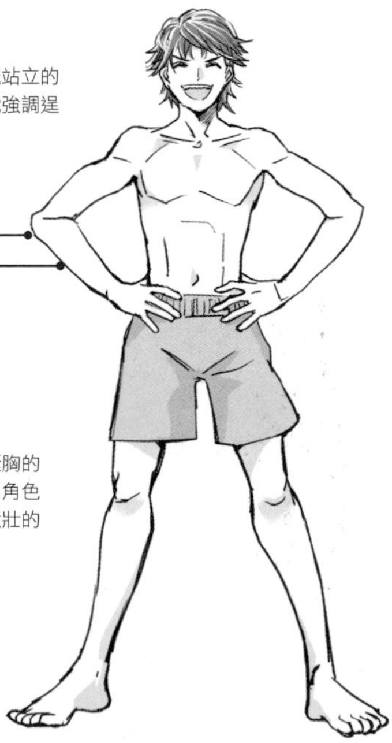

雙手叉腰抬頭挺胸的樣子，能呈現出角色想讓自己顯得強壯的感覺。

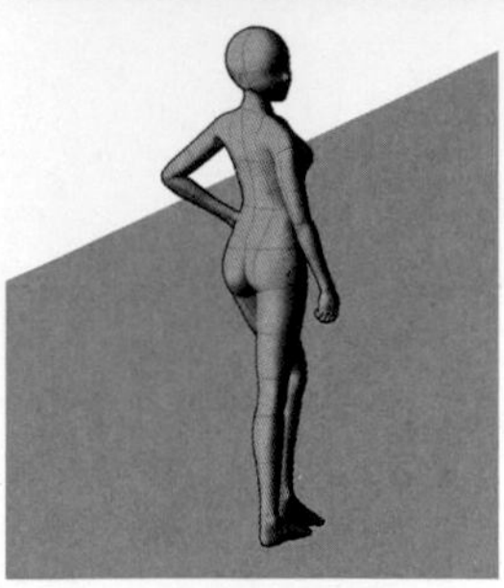

如同回眸美人般展現美感

回頭看

回頭看的姿勢可加上動作，展現優美的身體曲線。只要改變視角，就能戲劇性地呈現臀部、腰部及腿部等想優美描繪的部分，同時帶有躍動感。

基本姿勢

營造出走路時，聽到背後有人呼喊名字而回頭看，帶有動感的情境。

手臂自然放鬆垂下。

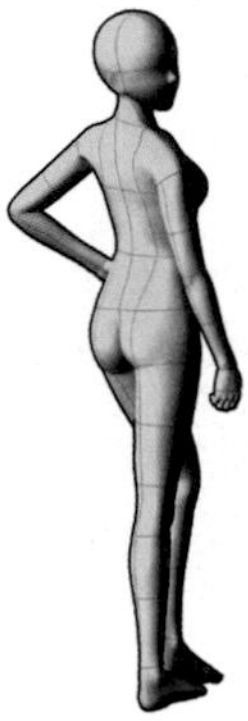

角度

採用偏側面而非正後方的視角，構成容易展現臉部的構圖。

強調美腿

藉由扭腰能強調臀部曲線。

回頭看的姿勢能優美展現背部到腿部線條。

兩腳張開，充分展現美麗的腿部曲線。

強調臀部

手放在腰上，更能強調臀部。

透過渾圓優美的線條來突顯美臀。

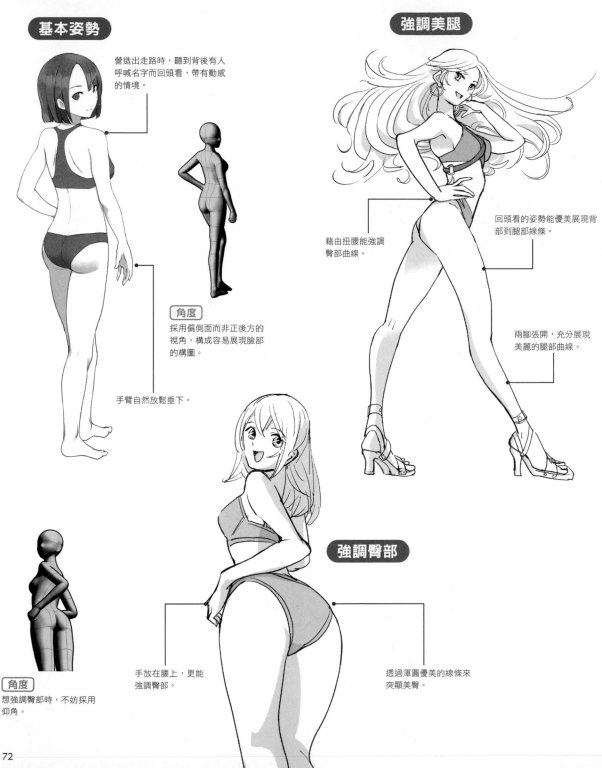

角度

想強調臀部時，不妨採用仰角。

只回過臉

背後拿著泳圈、只回過臉的姿勢。背部到腰部的曲線流露出性感。

要注意向後伸直的雙臂肘關節的角度，呈現自然的感覺。

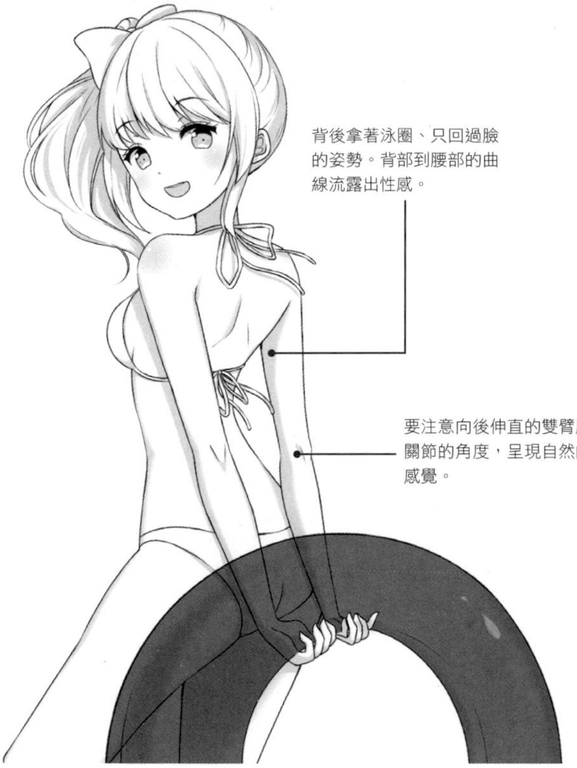

從側臥位回頭看

在躺臥的姿勢下，上半身稍微起身，轉過頭露出臉的姿勢。除了表現身體放鬆的樣子外，也能增添回頭看的躍動感。

以背部展現魅力

從背後只看得到側臉、準備回頭看的姿勢。呈現出以背影代替言語的可靠氛圍。

握緊拳頭更能增添強度。

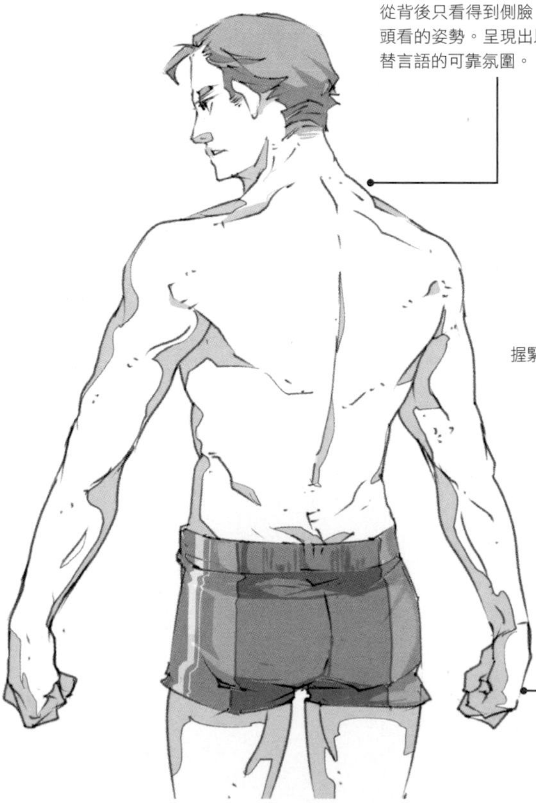

靠在桌上回頭看

這個姿勢能吸引視線朝著翹起的臀部及回眸的臉龐看。

雙腳打開與肩同寬，想像成臀部與雙腳線條構成三角形來描繪。

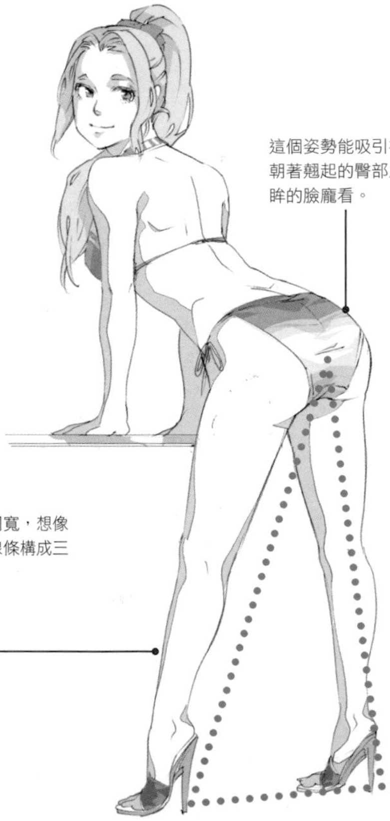

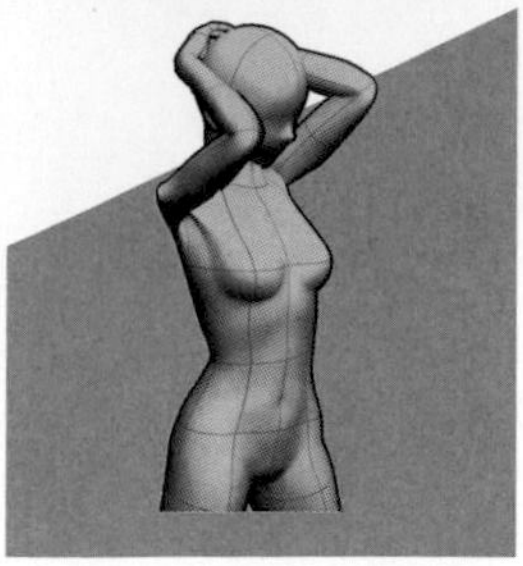

優美呈現手臂與上半身

露腋姿勢

想露出腋下時，做出諸如調整髮型等日常姿勢就會呈現自然的氣氛。若是擺出模特兒站姿等姿勢露出腋下，就能讓角色產生對身材比例充滿自信、展露身體曲線的印象。

日常的動作

綁頭髮的舉動是日常動作中露腋的基本姿勢。

使臉部朝下，避免手臂姿勢過於誇張，以呈現日常生活感。

雙手舉起，將手放在頭部後方，腰部就會向後彎。

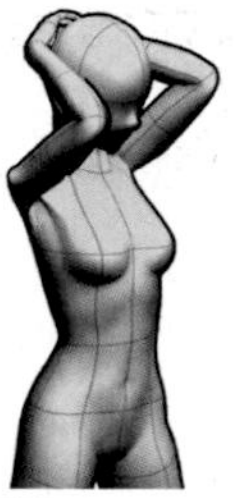

角度

採用側面45度的視角，既能讓腋下對著讀者，還能讓胸部及臀部曲線顯得更加立體。

展露腰部曲線

使位在舉起手臂的另一側的臀部突出，形成讓身體曲線更顯優美的姿勢。

藉由舉起手臂，使腋下空出廣大空間，就能突顯腋下到腰間的曲線。

從側面露腋

角度

從正側面看的視角，不僅能露出腋下，也能優美展現身體曲線。

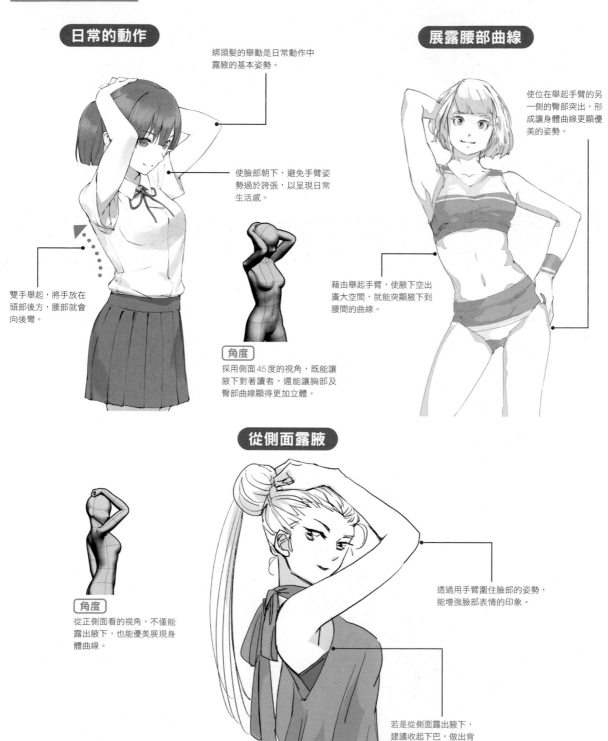

透過用手臂圍住臉部的姿勢，能增強臉部表情的印象。

若是從側面露出腋下，建議收起下巴，做出背部稍微挺直的姿勢。

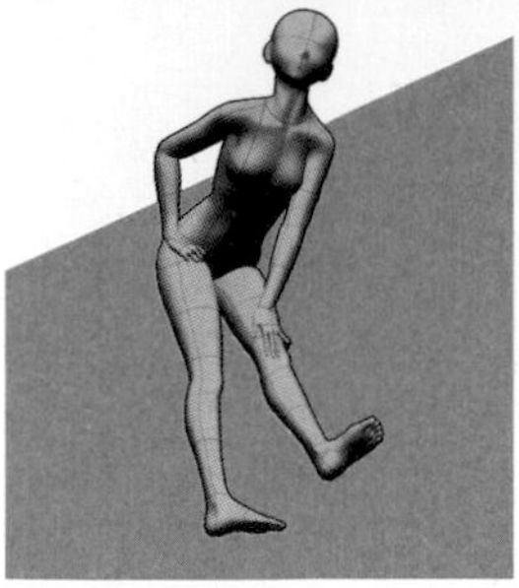

站姿的可愛變化

く字站姿

上半身前屈，從側面看呈「く」字型的姿勢，能引出角色的朝氣與可愛感。建議在手與腳上加上不經意的動作，看起來會顯得更加自然。

抬起腳尖

從腰部彎曲身體，呈現く字站姿。

抬起腳尖能提升可愛感。

角度

採用側面視角，就能充分展現呈く字型的全身模樣及角色的臉蛋。

平面寫真風的く字站姿

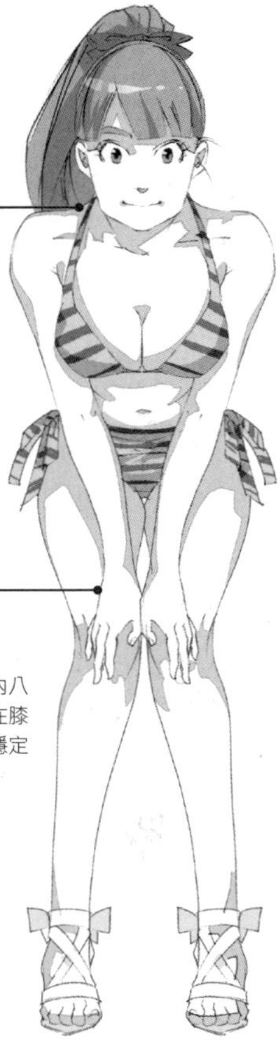

上半身前屈，收緊兩腋以強調胸部。是常見於平面寫真等的姿勢。

雙腳微微呈內八字，雙手放在膝蓋上，就能穩定姿勢。

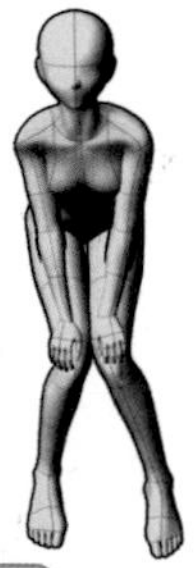

角度

採用正面視角的話，就能清楚呈現角色窺探對面的表情。

由下方窺探

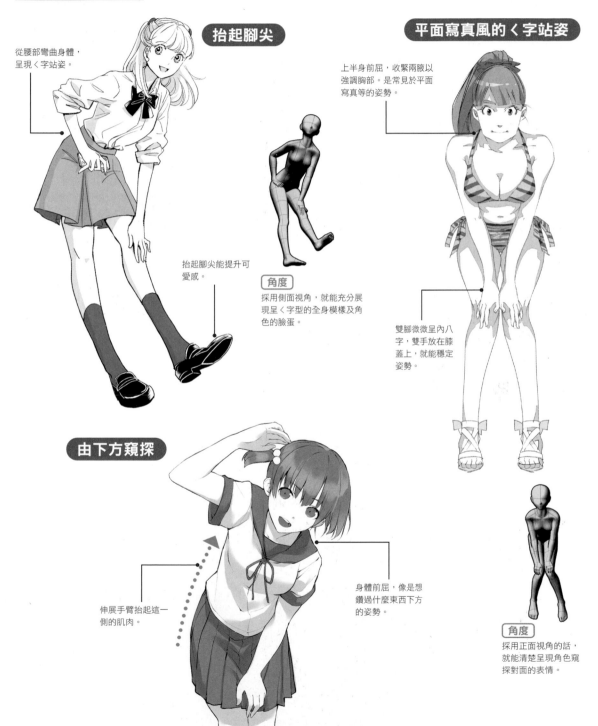

伸展手臂抬起這一側的肌肉。

身體前屈，像是想鑽過什麼東西下方的姿勢。

藉由抬腳方式展現動感

單腳站立

為避免立圖顯得呆板，使角色單腳站立再加點動作也是一種辦法。由於身體呈現不穩定的姿勢，必須靠手來維持平衡，或是使重心所在的腳配合身體的中心線，這一點很重要。

腳呈內八單腳舉起

兩腋稍微張開，給人自然的感覺。雙手握拳，彎起手臂並縮起身子，和內八的姿勢非常相配。

腳呈內八，不僅能呈現可愛感，還能維持平衡。

靠雙手維持平衡

角度

採用仰角，呈現出帶有躍動感的單腳站立姿勢。

可透過雙手的描寫來表現在不穩定的姿勢下維持平衡的樣子。

偶像的單腳站立

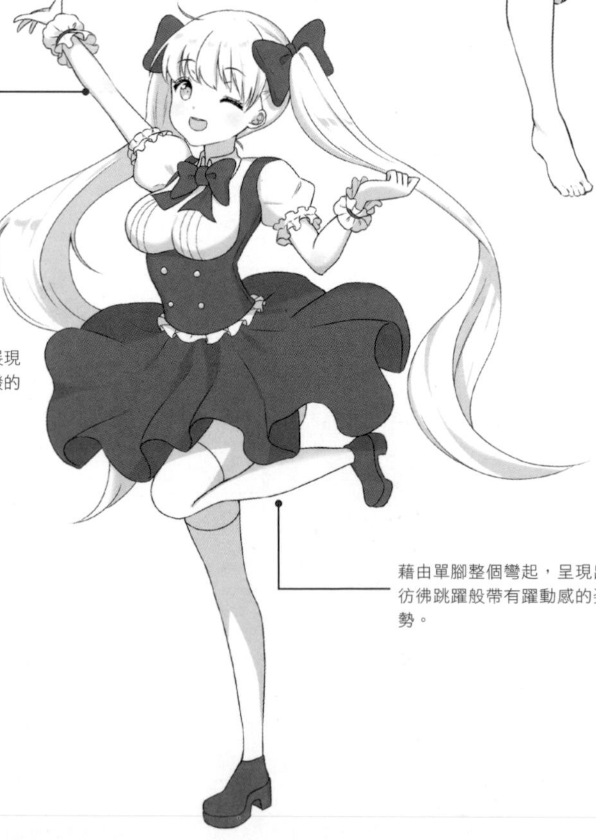

大幅張開手臂，展現出朝氣十足又活潑的感覺。

藉由單腳整個彎起，呈現出彷彿跳躍般帶有躍動感的姿勢。

角度

採用側面視角，就能清楚呈現單腳站立時腳彎曲的樣子。

正在換衣服

視線看著襪子。

將負責支撐身體的腳畫在身體中心線位置，姿勢才會穩定。

雙手伸直維持平衡

頭微微傾斜，就能增添維持身體平衡的感覺。

透過雙手向左右兩邊大幅張開，豎起手掌並張開來維持平衡的描寫，強調不穩定的姿勢。

一邊維持身體平衡，一邊做出單腳站立的姿勢。雙手及腳伸直的樣子表現出可愛感。

展現身體曲線

展現身體曲線的模特兒式單腳站立。

上半身向後仰，重點在於強調前凸後翹的胸臀。

踢小石子

踢走路旁小石子等時的單腳站立姿勢。視線落在腳下。

腳大幅張開，為了將小石子踢得遠遠地而伸直腿。

平面寫真的招牌姿勢

跪坐

跪坐是偶像平面寫真中為大家所熟悉的姿勢。這種姿勢比站立更容易將全身框進畫面之中，能夠將腰部、臀部及胸部等優美的身體曲線一併收進畫面。

扭腰

稍微扭腰，使腰部顯得纖細的姿勢。

採用跪坐並豎起腳尖的姿勢時，小腿會離開地面。

展現上半身

背部到臀部呈S曲線，顯得相當優美。

兩腿稍微張開，前後錯開，能呈現深度及動感，穩定畫面。

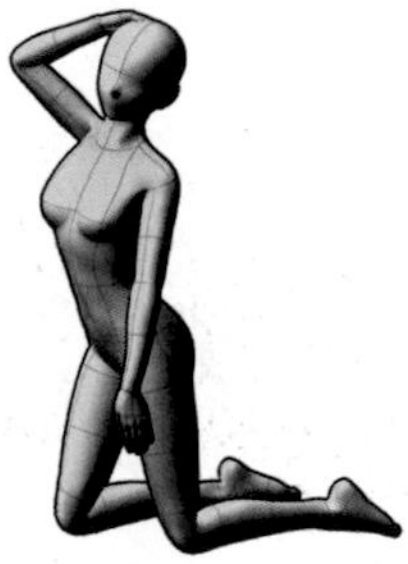

角度

跪坐為上半身比下半身更顯眼的姿勢。想呈現胸部到腹部曲線等上半身之美時，不妨採用側面視角。

呈現胸部曲線

採用俯瞰視角，優美呈現頸部到胸部的曲線。

降低腰部高度，使下巴上抬，呈現向上看的姿勢。

以膝蓋及腳尖支撐身體。

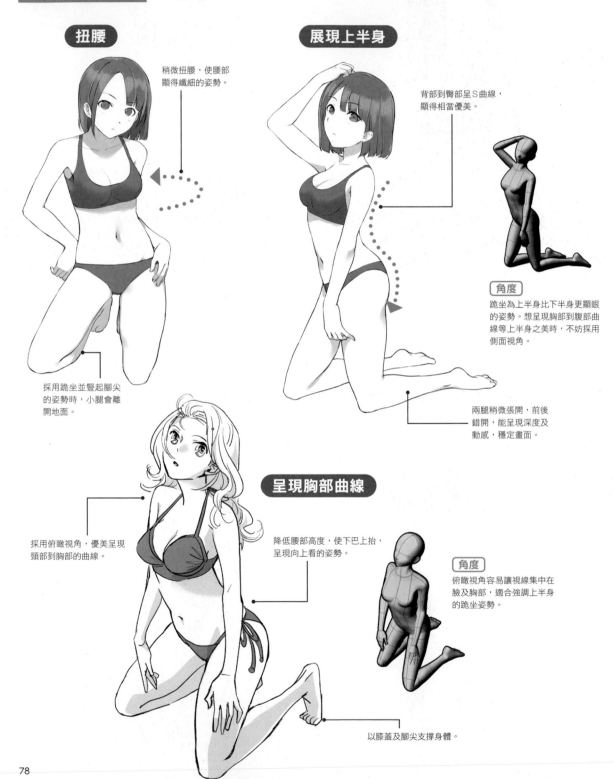

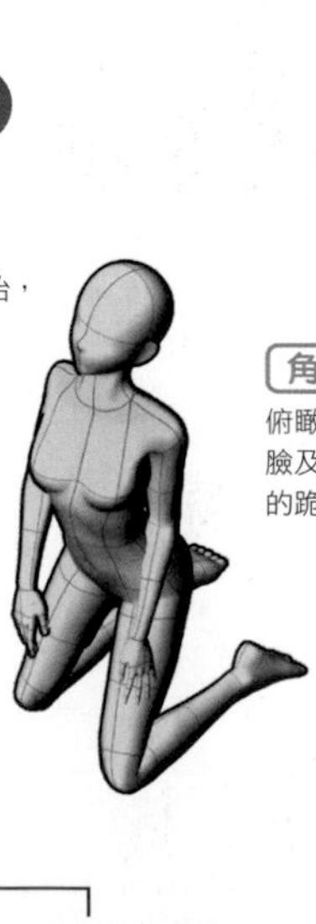

角度

俯瞰視角容易讓視線集中在臉及胸部，適合強調上半身的跪坐姿勢。

露出美背

上半身往後仰，營造出背部到臀部優美曲線的姿勢。
手臂自然垂下。
雙腳稍微張開，使姿勢帶有穩定感。
臀部朝正面
前方的肩膀稍微上抬，看起來較自然。
使臀部朝正面，既能突顯臀部也能展現臉蛋的姿勢。
雙手環繞頭部
為展露身材曲線，將雙手環繞頭部後方，使身材曲線畢露的姿勢。
強調胸部
做出像幼兒般歪著頭的可愛姿勢。
雙手往胸部靠，強調胸前乳溝。

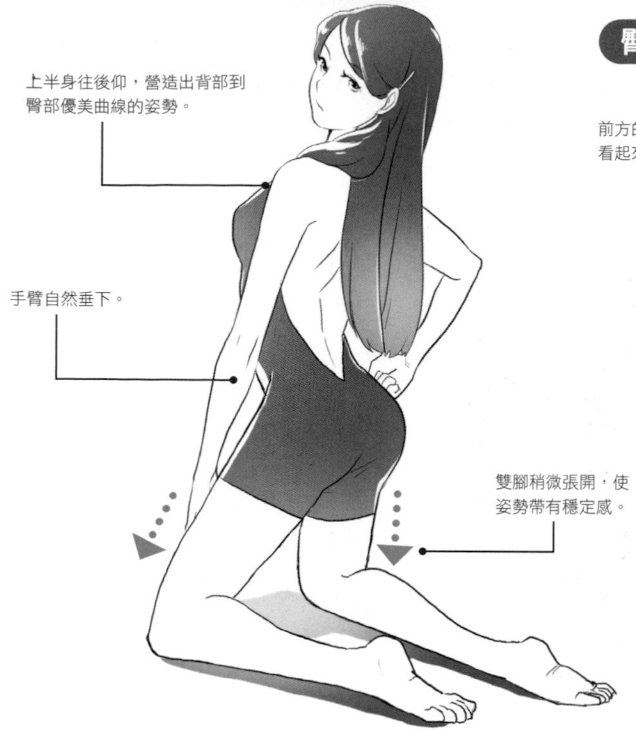

表現順從

單膝跪地

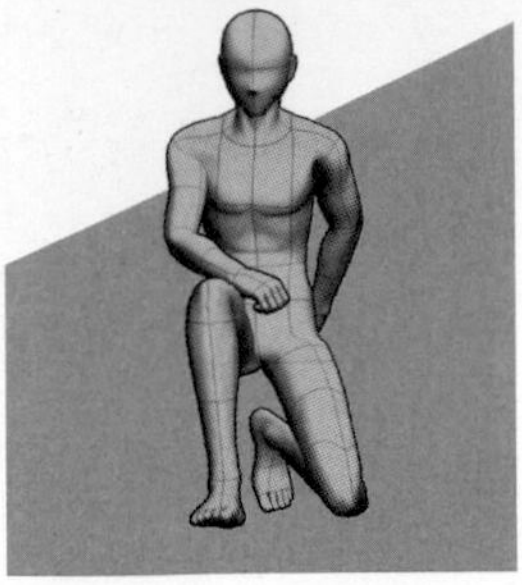

單膝跪地是指膝蓋跪地彎腰的姿勢，能表現出畢恭畢敬的氣氛及順從的意思。另外也可用作展現身材比例姿勢的變化形。

表現順從

為強調順從的樣子，使身體與地面垂直，畫出端正的姿勢。

向前伸出的腿部線條較顯眼，要描繪出優美的線條。

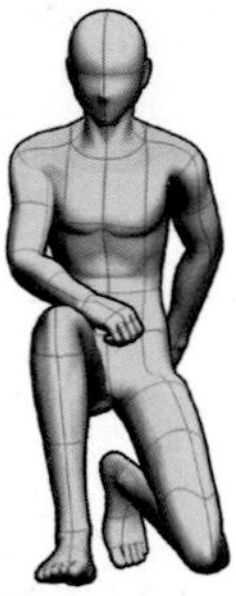

角度

正面視角能強調單膝跪地角色的良好姿勢與順從。

平面寫真的單膝跪地

強調身體曲線的性感單膝跪地姿勢。

踮起腳尖時，小腿肚就會繃緊。

上半身前屈

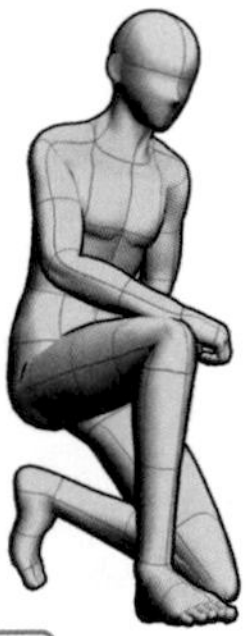

角度

側面視角能讓單膝跪地的姿勢看起來更立體。

即使是同樣的姿勢，只要改變視角，就能看出上半身有些微前屈。

手腕微微下彎顯得較自然。

剪裁　也要展現趾尖

若將腿部裁切掉，就很難傳達單膝跪地姿勢的特徵，最好將全身框進畫面中，盡量不要剪裁。

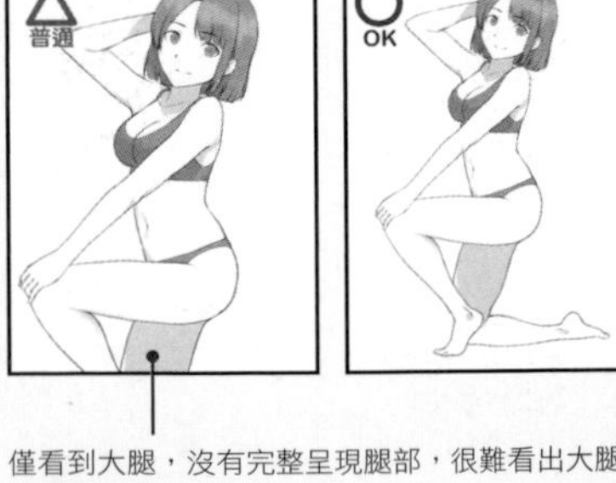

僅看到大腿，沒有完整呈現腿部，很難看出大腿以下部分的動作。

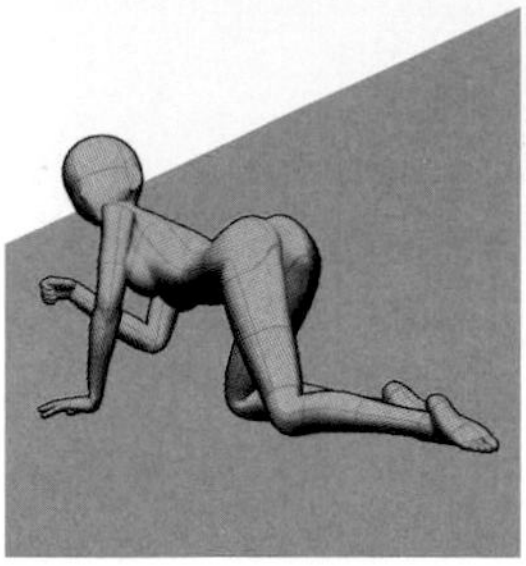

野性的平面寫真姿勢

匍匐

匍匐是以雙手及雙膝碰地來支撐體重的姿勢。遮住腹部、突顯背部與臀部為一大重點。這種姿勢也能呈現四足動物的樣子，可以模仿動物做出可愛的姿勢。

強調臀部

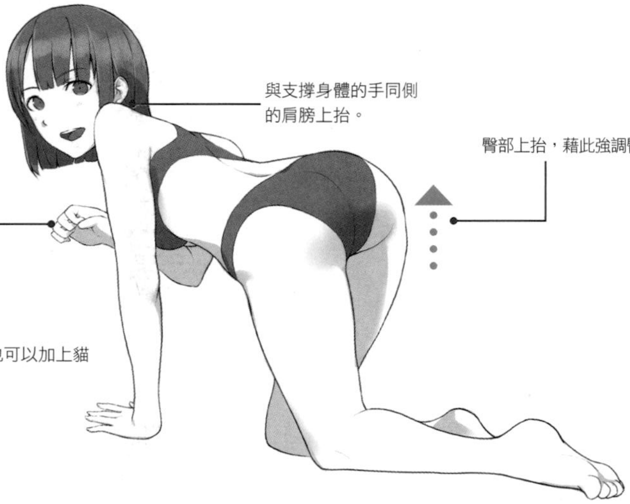

與支撐身體的手同側的肩膀上抬。

臀部上抬，藉此強調臀部。

如範例所示，也可以加上貓手等姿勢。

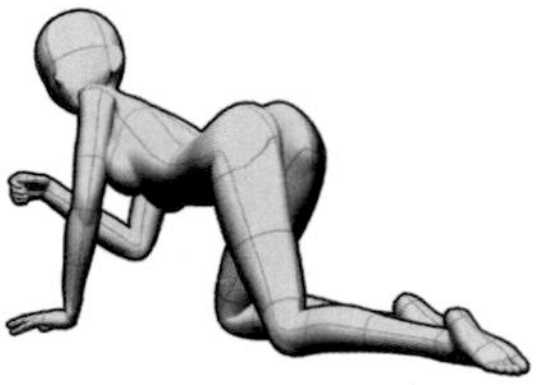

角度

後方視角能放大展現臀部。這種視角也很容易看到腳底。

胸部貼地

胸部貼地時，會變成臀部抬高的姿勢。

角度

匍匐最好配合角色的視線，採用放低相機的構圖。基本上以側面視角來展現身體曲線。

露出胸口

以如同鎖定獵物的肉食動物般的視線看著對方，向前爬行的姿勢。

在清楚看到胸部的視角下，能讓下垂的乳房顯大。

Tips 地面的透視圖

如果搞錯匍匐時手、手肘及膝蓋著地的位置，就會顯得不自然。最好意識到地面的透視，畫出正確的位置。

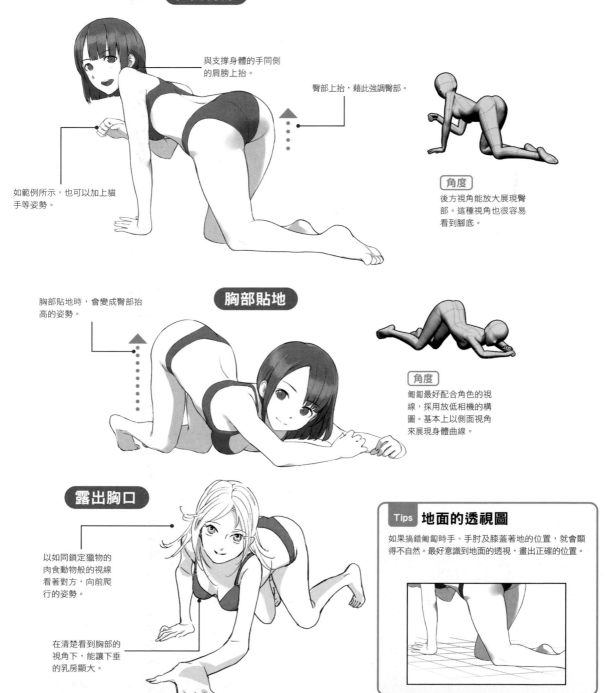

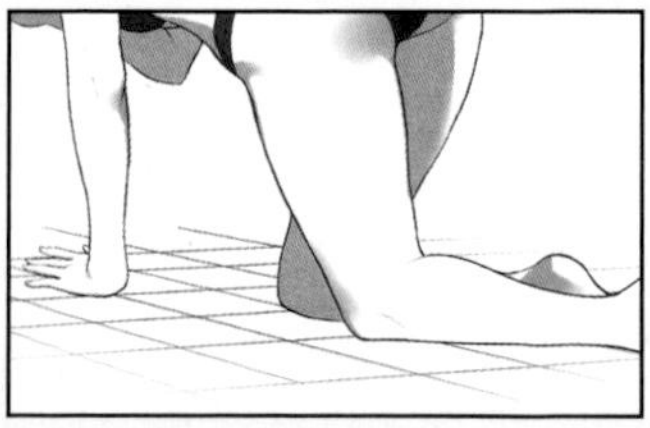

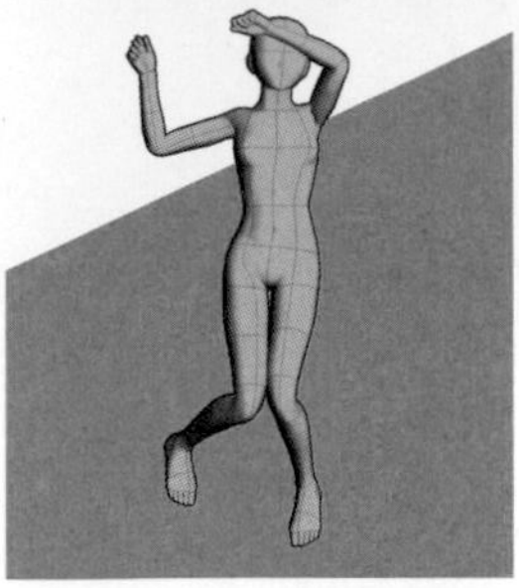

毫無防備的躺姿

仰躺

仰躺的姿勢不僅能展現身體正面，也能呈現出毫無防備的躺姿及放鬆的氣氛。想呈現動感時，可以替姿勢加點變化，像是手臂或腿部彎曲或是腰部後仰等。

從上方俯瞰的仰躺

左右手及左右腳的姿勢不同，看起來比較放鬆。

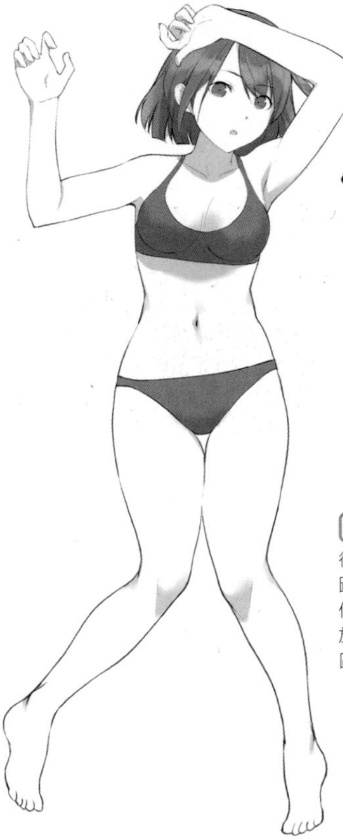

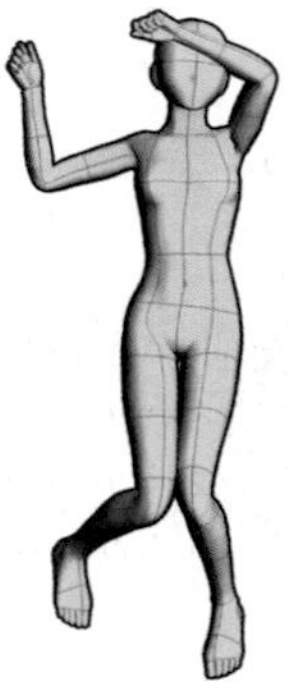

角度

從正上方看的視角可用與立圖同樣的感覺來描繪。只要伸直腳尖，看起來像重心沒放在腳上，就能與立圖做出區別。

雙腳呈內八

感覺像是陽光刺眼，將手放在額頭上，營造出剛睡醒的樣子。

雙腳呈內八，表現端莊的氣質。雙腿稍微往側邊倒，呈現自然的動感。

角度

以側面視角描繪躺著的人物，能給人近在身邊的印象，呈現親密感。

腰部後仰

左右錯開彎曲雙腿，呈現躍動感。

使腰部後仰挺胸，胸部曲線與站立時不同，形狀會稍微扁塌。

僅腳尖著地的姿勢，小腿肚伸展的美麗線條及從腳背筆直延伸到小腿的線條極具魅力。

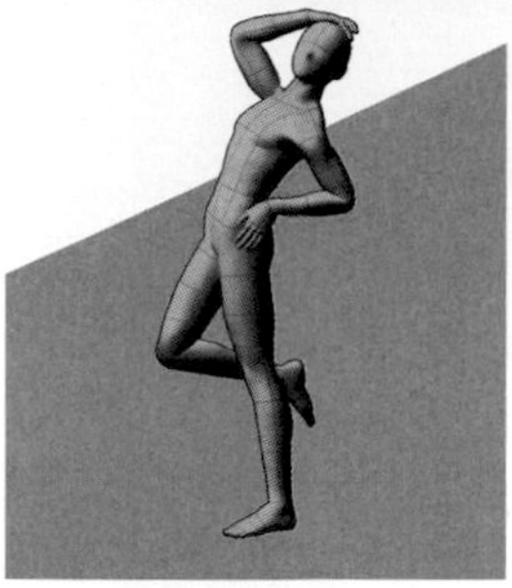

身體戲劇性地往後仰

後仰

在一般生活中鮮少會做出身體後仰姿勢，容易給人非日常的印象。可用於呈現自我陶醉的場景或是表現角色異於常人的個性等時候。

扭腰

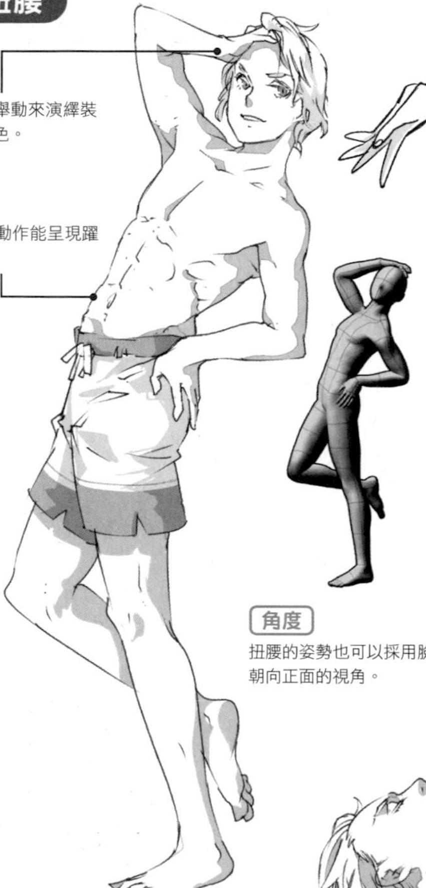

以撥頭髮的舉動來演繹裝腔作勢的角色。

加上扭腰的動作能呈現躍動感。

角度

扭腰的姿勢也可以採用臉部朝向正面的視角。

上半身往後仰

兩腳位置維持不動，僅上半身向後仰。在某部電影的惡搞中常可看到這種躲子彈的姿勢。

戲劇性地仰望天空

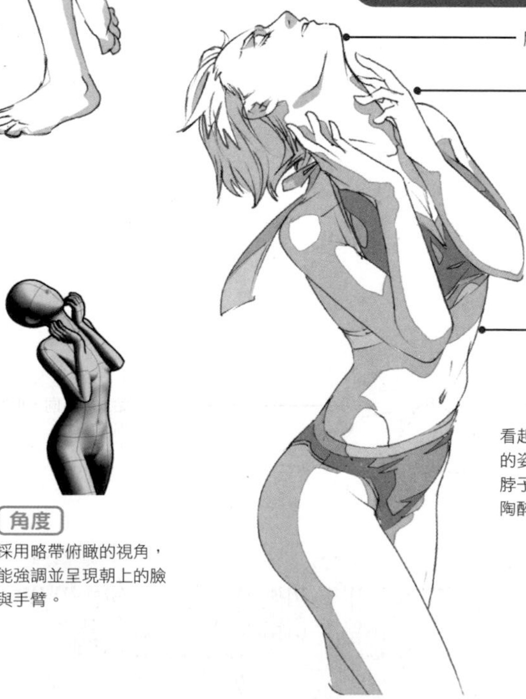

臉朝正上方。

連指尖也用力，就會呈現戲劇般的氣氛。

看起來像舞台上舞蹈的姿勢。以雙手攀住脖子，就會給人自我陶醉的印象。

角度

採用略帶俯瞰的視角，能強調並呈現朝上的臉與手臂。

使女孩顯得可愛的臥姿

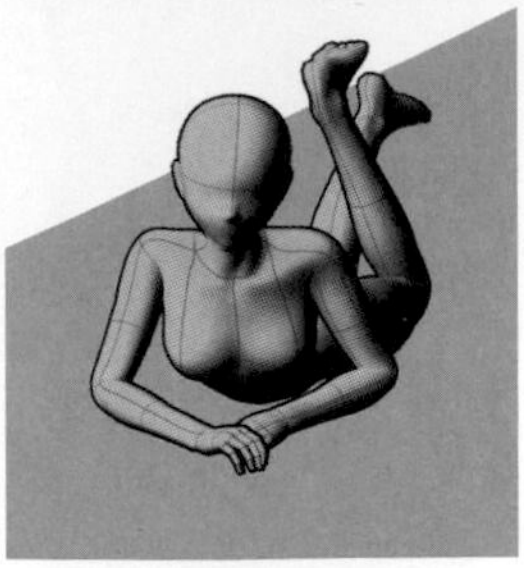

俯臥

俯臥是指腹部貼地的睡姿。同樣都是睡姿，俯臥與仰躺的不同之處在於展現臀部。畫出左右腳交互拍打的感覺，就會變成可愛的姿勢。

展現全身曲線

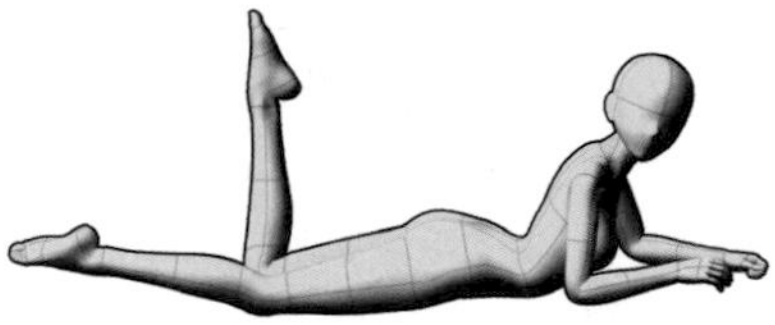

角度

採用從側面看的視角，能漂亮呈現肩膀、腰部、臀部到腿部曲線。

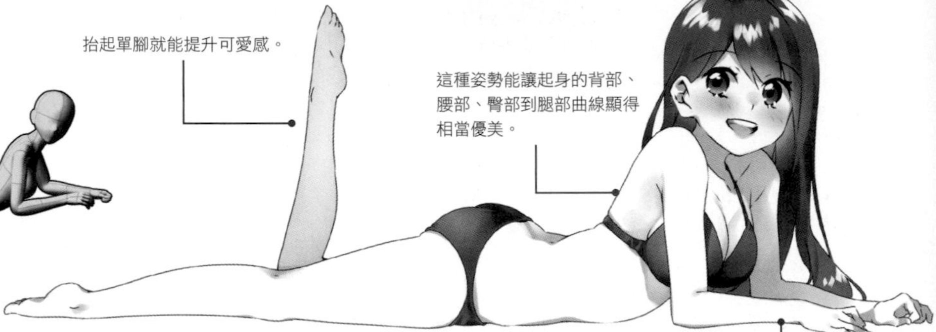

抬起單腳就能提升可愛感。

這種姿勢能讓起身的背部、腰部、臀部到腿部曲線顯得相當優美。

以兩臂支撐上半身，就能漂亮呈現胸部。

強調臉蛋與胸部

使兩腳交叉，呈現動感。

手臂向前伸出，以手肘支撐上半身。由於乳房貼在地面上，形狀略有扭曲。

角度

採用正面視角能特別強調臉蛋與胸部。

放鬆

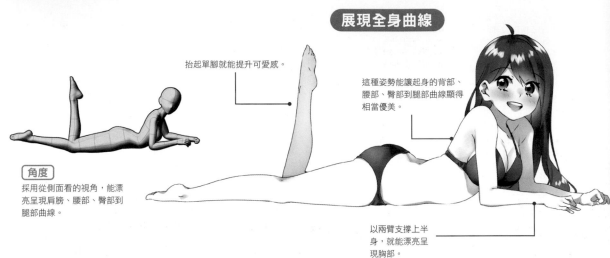

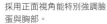

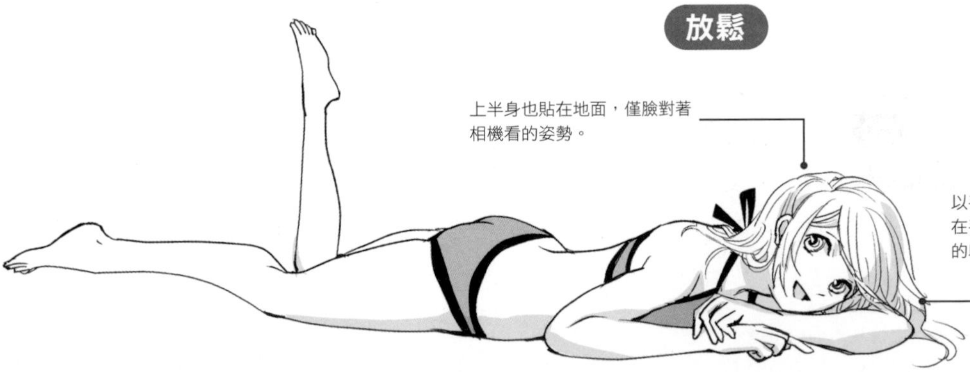

上半身也貼在地面，僅臉對著相機看的姿勢。

以手臂當作枕頭，使頭躺在手臂上，更能給人放鬆的印象。

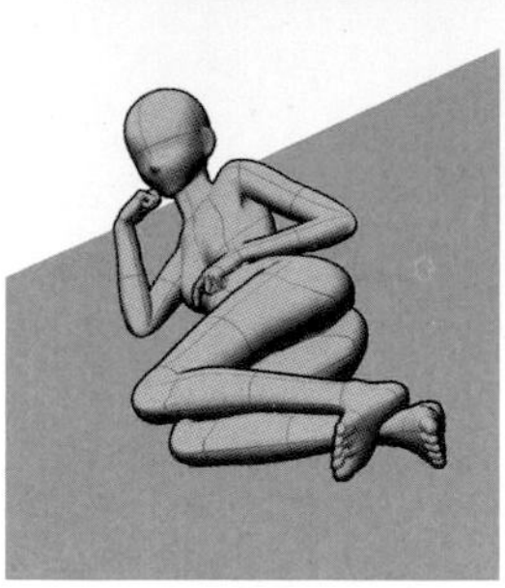

以放鬆的姿勢呈現性感

側躺

側身躺下的側躺是種放鬆的姿勢，可在日常生活場面使用，由於容易突顯女性的臀部、腰部及腿部等身體的凹凸起伏，也常用作展現身材之美的平面寫真姿勢。

強調腿部

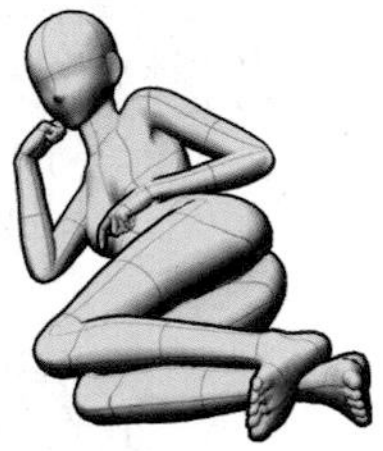

角度

採用從腿部開始拍攝的視角。腿部與臀部會變得特別顯眼。

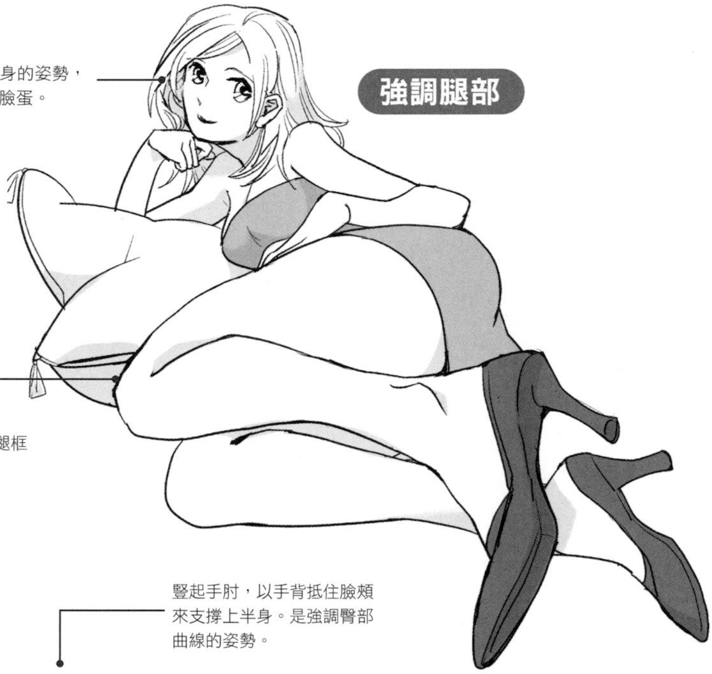

擺出撐起上半身的姿勢，也能清楚呈現臉蛋。

膝蓋彎曲較容易將雙腿框進畫面中。

放鬆

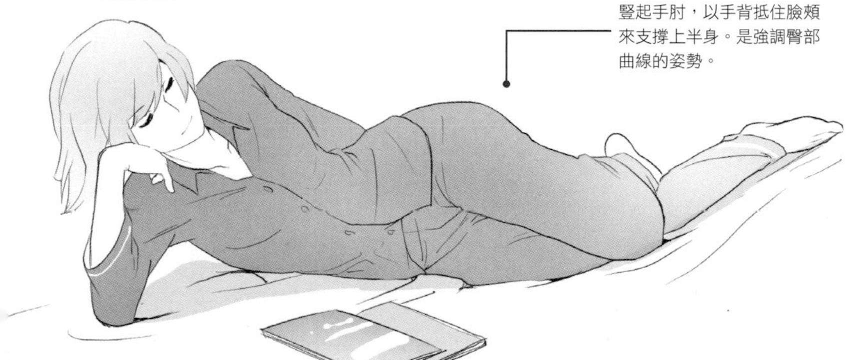

豎起手肘，以手背抵住臉頰來支撐上半身。是強調臀部曲線的姿勢。

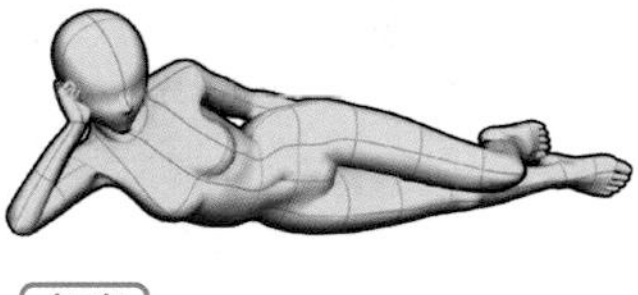

角度

採用稍偏俯角的視角以拍攝身體前面，不僅能明確看出睡覺姿勢的模樣，也能呈現優美的身體曲線。

以手肘撐起身體側躺

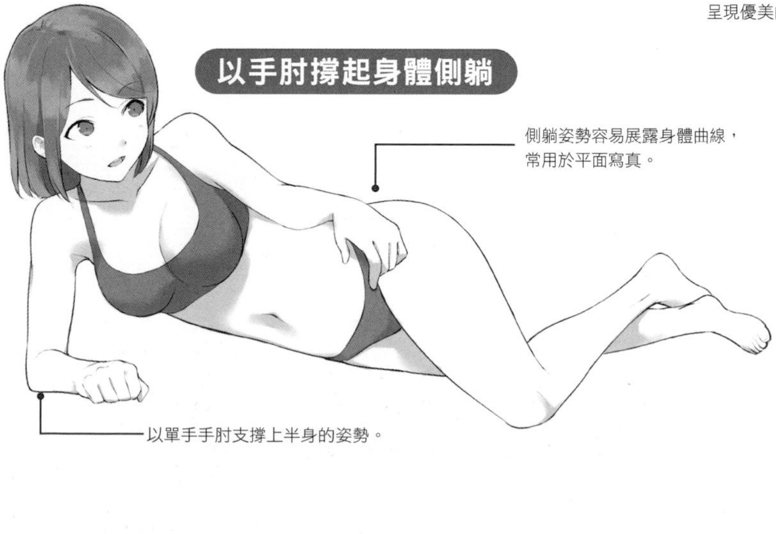

側躺姿勢容易展露身體曲線，常用於平面寫真。

以單手手肘支撐上半身的姿勢。

讓人感到天真無邪的睡姿

胎兒睡姿

雙腳併攏彎曲，靠往上半身，彷彿待在母親腹中的胎兒般的姿勢。蜷曲的睡姿能表現出讓人產生保護慾的可愛感。

身體慵懶地蜷曲

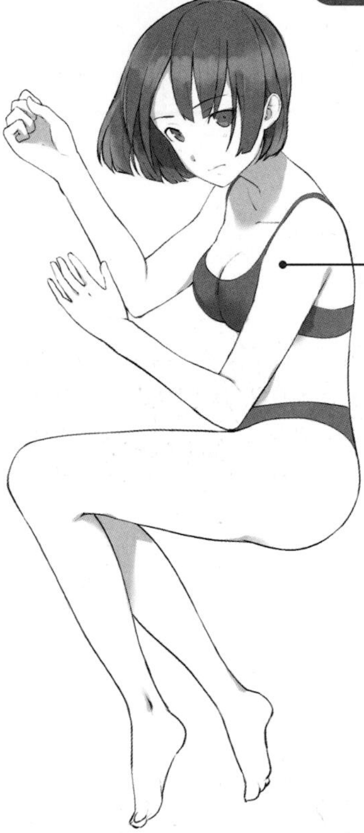

手腳彎曲，手肘靠往下半身，膝蓋則靠往上半身。使身體呈現慵懶蜷曲的姿勢。

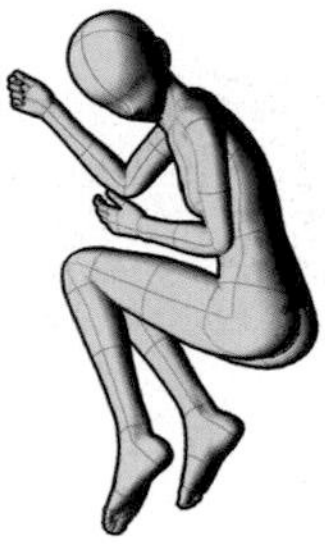

角度

採用正上方的俯瞰視角，可描繪出胎兒般的輪廓。

抱緊

手上抱著布偶或是抱枕等東西睡覺時，可以藉由臉及手腳靠往身體內側呈現出可愛的印象。

從側面看的睡姿

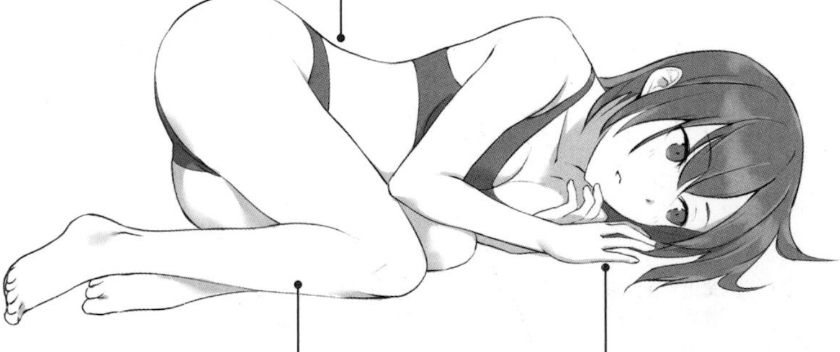

容易呈現肩膀到臀部曲線的姿勢。

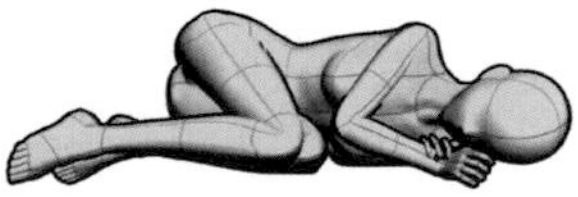

角度

從正面拍攝的視角能強調角色的表情。

兩腳往腹部彎曲，可藉此強調並展現大腿。

手掌自然張開，手指也沒有施力，給人放鬆的感覺。

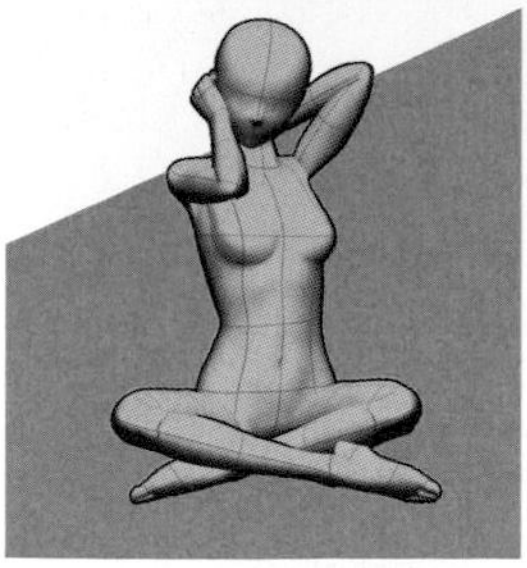

放鬆的坐姿

盤腿坐

盤腿坐是給人豪邁印象的坐姿。加上日常舉動及動作能呈現粗魯的氣氛。可用來呈現放鬆休息的樣子，或是讓角色展現真實面貌。

伸直上半身

頭稍微側彎，給人自然的印象。

藉由舉起手臂伸展上半身的舉動表現出放鬆的樣子。

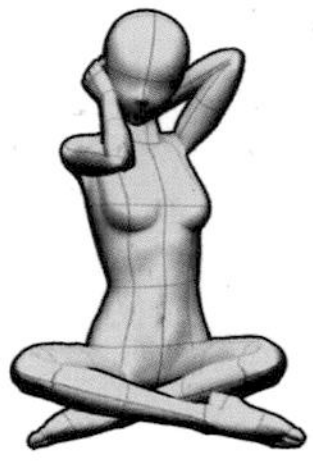

角度

正面視角能看清楚盤腿坐的腿部姿勢。

單手拿飲料盤腿坐

藉由手拿飲料營造出日常生活感。

背面的視角不易看出盤腿坐的姿勢，不過只要在大腿底下畫上腳掌，看起來就會像盤腿坐。

抓著腳盤腿坐

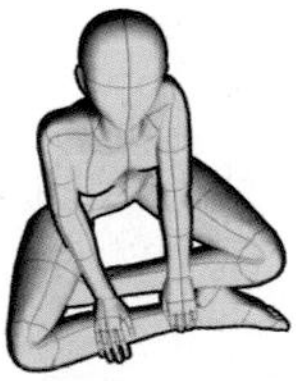

角度

採用俯瞰視角畫出角色抬頭看的姿勢，就會構成角色抬頭看站著的人的構圖。

這裡兩腳沒有交疊，只是靠在一起。

雙手壓著腳駝背而坐的姿勢給人平易近人的印象，適合大而化之的角色。

放低姿勢的招牌姿勢

蹲下

蹲下姿勢可隨著大腿的張開方式與畫法的不同，呈現出豪邁或可愛的印象。由於蹲下時身體呈折疊狀態，容易將角色全身框進畫面。

背部微彎

身體稍微駝背前屈。

膝蓋彎曲使腳的厚度變得與平時不同。大腿及小腿肚緊密貼合，肌肉隆起。

角度

從側面視角來看，可以看出雙腳彎曲支撐體重的樣子。

流露出豪邁的感覺

膝蓋突出。描繪出骨骼突出、肌肉隆起的感覺營造出魁梧感。

大腿張開就變成給人豪邁印象的姿勢。

手臂放鬆

肩膀垂下，呈現手臂放鬆的姿勢，表現出放輕鬆的樣子。

兩腋夾緊，給人可愛的印象。

臀部坐在腳跟上，靠腳來支撐體重。

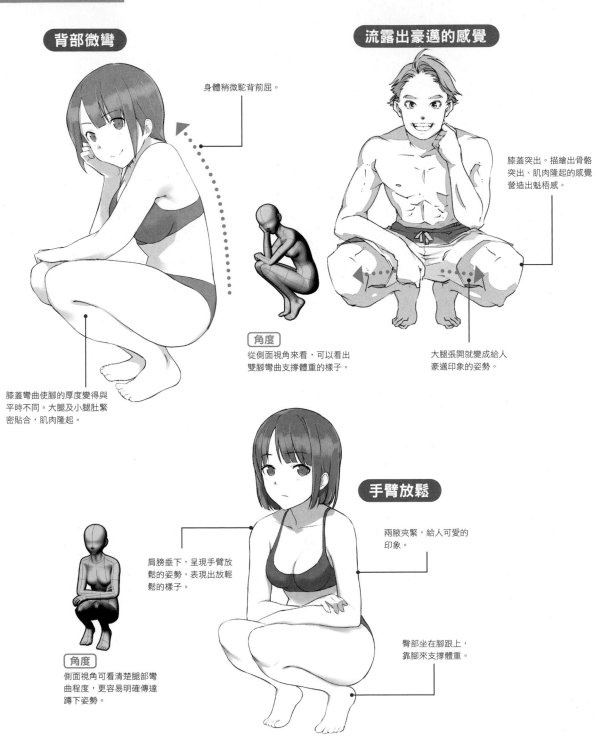

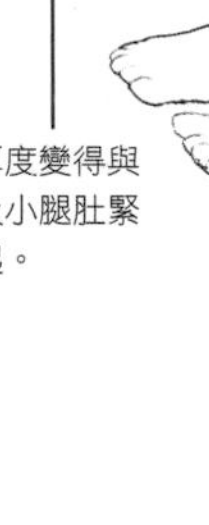

角度

側面視角可看清楚腿部彎曲程度，更容易明確傳達蹲下姿勢。

露出單腳

背部挺直，端正姿勢，就會形成矜持地蹲下的姿勢。

臀部放在左腳上。

藉由張開右腳大腿，露出內大腿來營造性感氛圍。

雙腳併攏

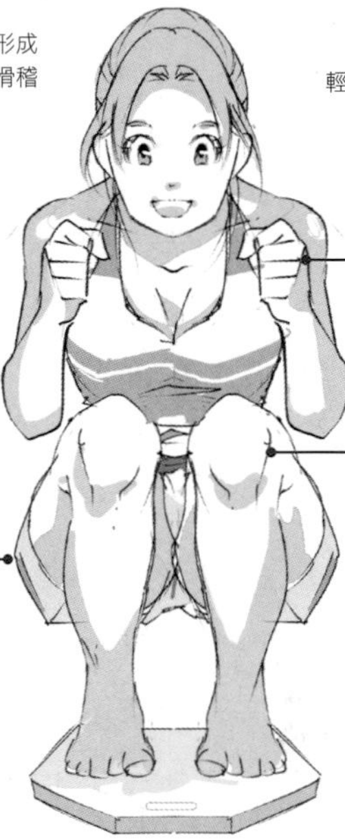

大腿合起，兩腳併攏，形成左右對稱的姿勢，給人滑稽的印象。

輕輕握拳以維持平衡。

兩膝膝蓋高度相同。

流氓蹲姿

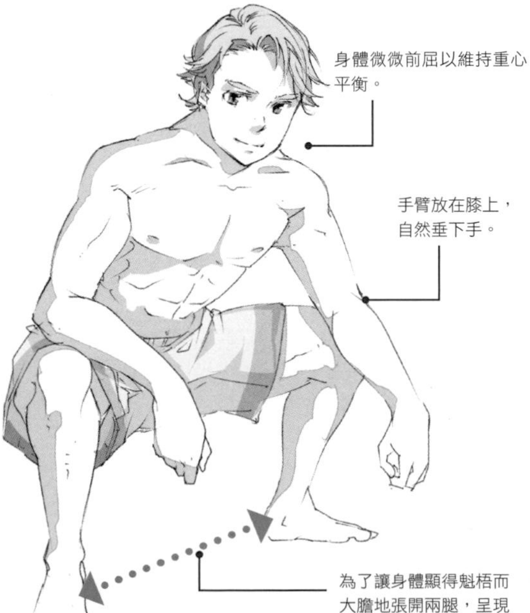

身體微微前屈以維持重心平衡。

手臂放在膝上，自然垂下手。

為了讓身體顯得魁梧而大膽地張開兩腿，呈現流氓蹲姿。

苦惱

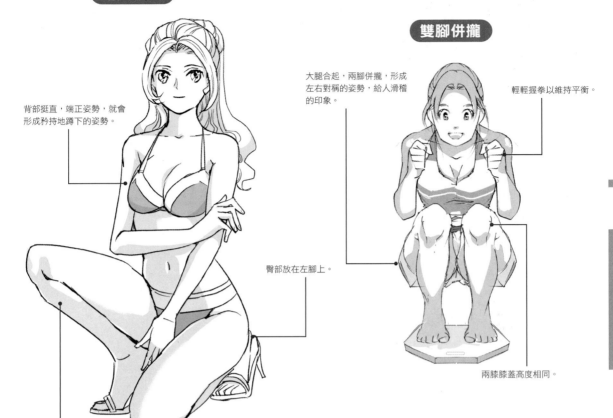

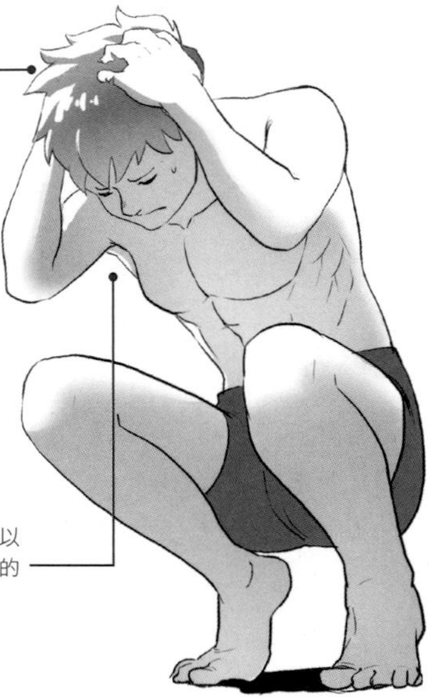

臉部朝下，抱頭苦惱的姿勢。為了保護自己而縮起身子。

採用仰角視角以清楚呈現苦惱的表情。

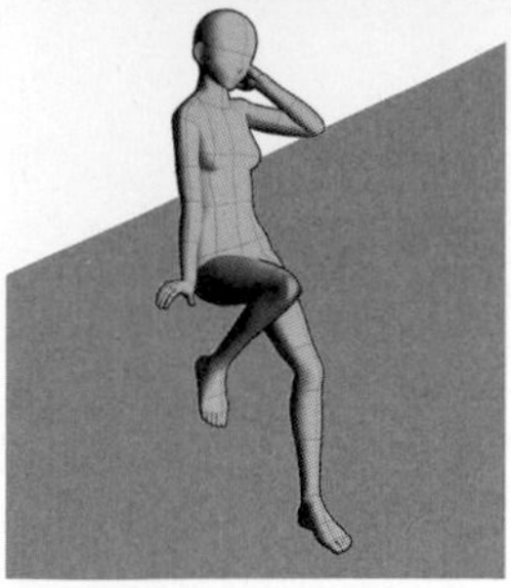

放鬆的瞬間

坐下

坐在台座或椅子上休息的姿勢。能表現放鬆且從容不迫的狀態。由於體重幾乎都放在臀部上，因此腳沒有像站姿那樣用力，這部分是重點。

淺坐

主要靠臀部來支撐體重。

坐在稍高地方時的坐下姿勢。腿部伸得比坐在椅子等時還直。

角度

側面45度視角能均衡展現角色坐下時全身的模樣。

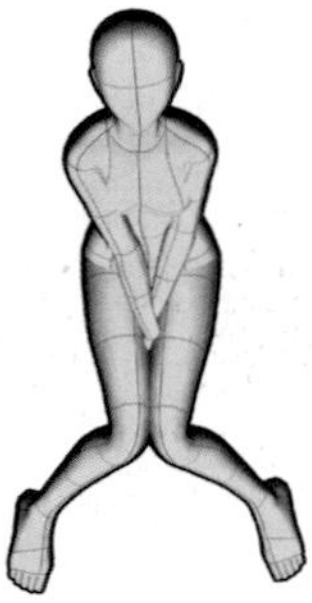

角度

以抬頭看的姿勢來看，採用配合角色視線的俯瞰視角，能讓角色視線看向鏡頭。

強調視線

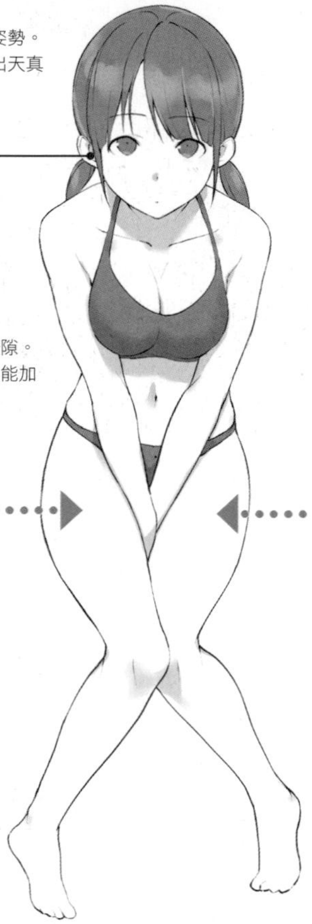

這是角色坐著抬頭看的姿勢。使角色抬眼凝視，表現出天真可愛的視線。

雙手放進大腿間的縫隙。讓手腳靠向身體內側能加強可愛的印象。

露出背部

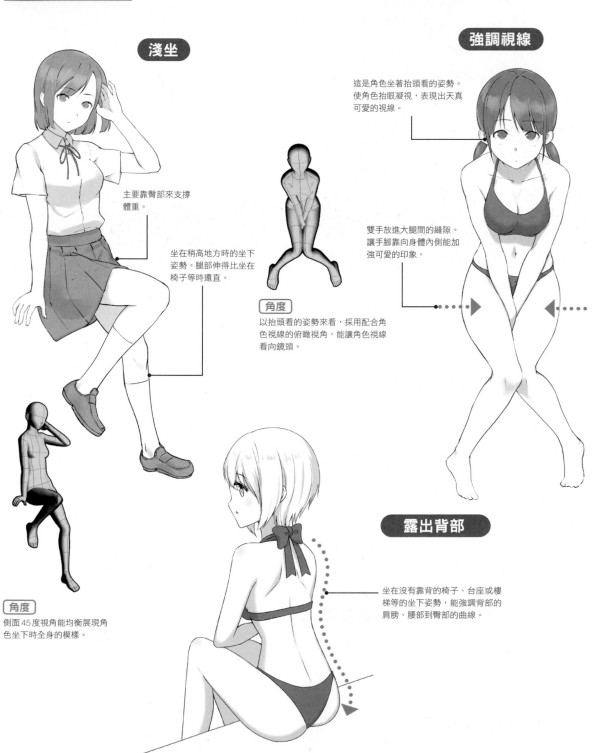

坐在沒有靠背的椅子、台座或樓梯等的坐下姿勢，能強調背部的肩膀、腰部到臀部的曲線。

坐在樓梯上

藉由臀部與兩腳分別位在不同的階梯上而呈現立體變化的姿勢。

兩腳張開

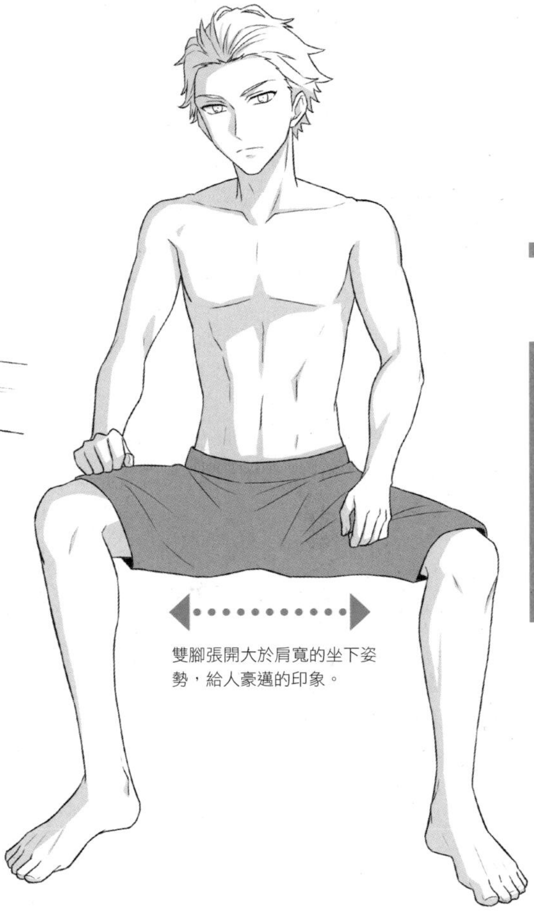

雙腳張開大於肩寬的坐下姿勢，給人豪邁的印象。

駝背而坐

坐著托腮而駝背的姿勢。採用容易看出駝背的側面視角。

背部線條呈現和緩的弧線。

剪裁 **保留腰部**

剪裁坐下姿勢時，最好不要將主要支撐重心的臀部部分裁掉。只要臀部部分充分框進畫面，即使裁切腿部也能夠傳達坐下的樣子。

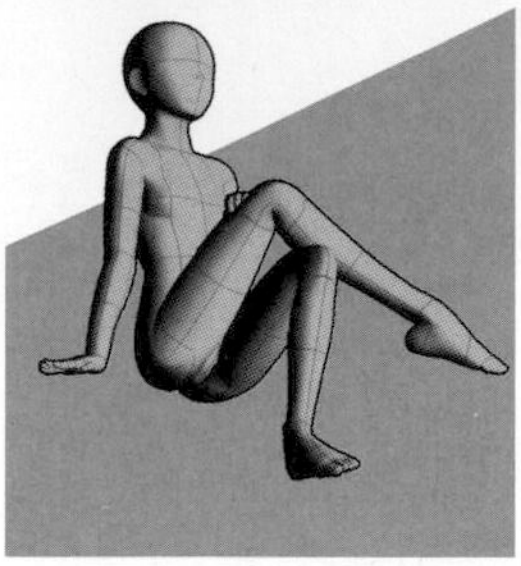

態度坦蕩地坐著

翹腳

相較於一般坐姿，翹腳的姿勢能表現出角色威風凜凜的印象及居高臨下的樣子。由於這個姿勢能突顯腿部，想呈現腿部線條美時亦可使用。手放在膝上或是腰部旁會比較自然。

大翹二郎腿

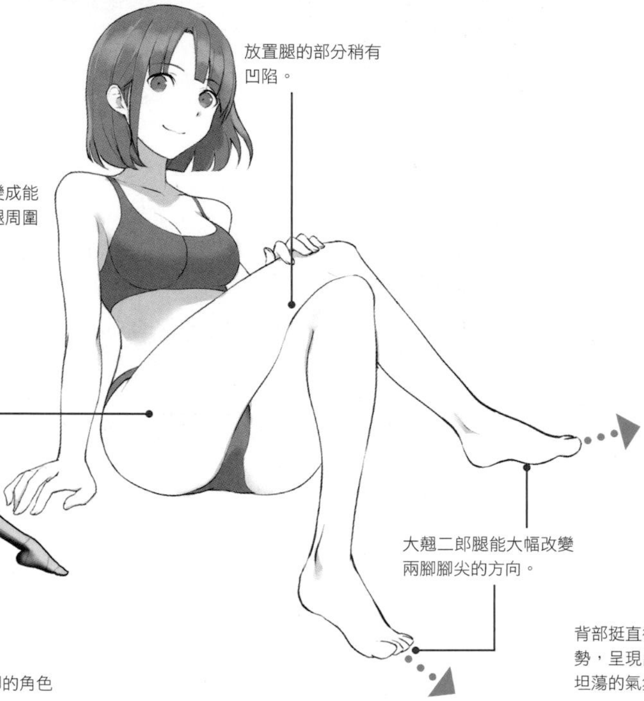

放置腿的部分稍有凹陷。

採用俯瞰視角就會變成能強調翹腳，突顯大腿周圍的姿勢。

大翹二郎腿能大幅改變兩腳腳尖的方向。

角度

俯瞰視角能強調翹腳的角色威風凜凜的印象。

微微翹腿

雙手交疊放在腳上，強調彬彬有禮的氣氛。

背部挺直微微翹腳的姿勢，呈現出居高臨下、坦蕩的氣氛。

坐在地上

角度

採用略帶俯角的側面視角能同等展現全身，不會過於強調翹腳。

坐在地上伸直腿部時，重心會移到後方，變成手放在背後支撐身體的姿勢。

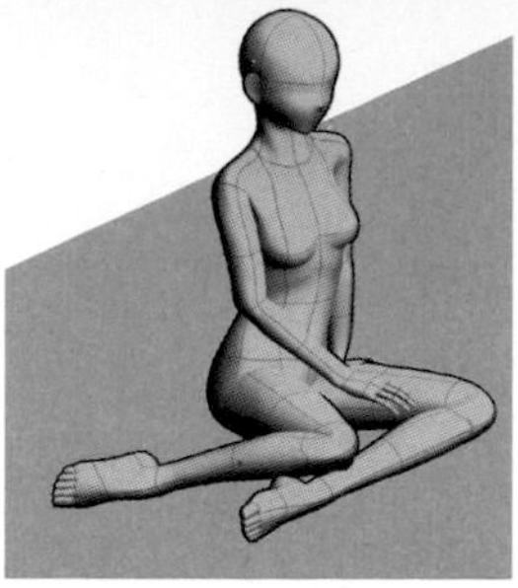

高雅地放鬆姿勢

側坐

腳擺在側邊放鬆的坐姿。給人感覺放鬆又不失高雅的印象。由於重心移到放鬆腿部的另一邊，因此基本上上半身會傾斜。

放鬆

重心放在身體左側的姿勢，呈現從側躺狀態中起身的感覺。

如同從腰部彎曲般豎起上半身，維持重心的平衡。

筆直描繪小腿到腳尖的線條，能讓腿部顯得漂亮。

角度

採用側面略帶俯角的視角，使放鬆的腿部模樣一目了然。

側坐變化形

藉由雙手放在後方撐起上半身，強調身體曲線的姿勢。描繪時要呈現出優美的腰部與腹部的凹凸起伏。

側坐的變化形，使臀部坐在其中一腳上的坐姿。

意識到大腿的弧度。

角度

採用連腳底也能清楚呈現、強調下半身的視角。

強調下半身

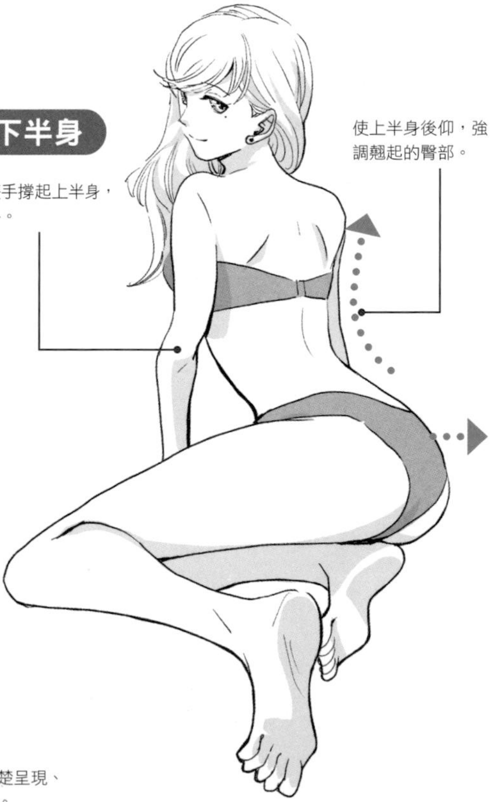

由於以雙手撐起上半身，手肘向外。

使上半身後仰，強調翹起的臀部。

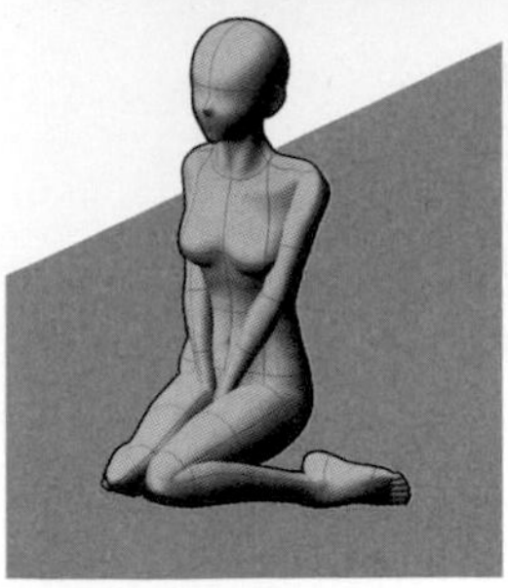

使角色輕輕坐下

鴨子坐

鴨子坐是使雙腳放鬆彎曲，緊貼地面的坐姿。又稱作女孩坐，能表現出稚嫩與可愛。建議使雙手併放在兩腳之間，較容易維持平衡。

基本的鴨子坐

角度
側面視角能一目了然地傳達坐著的樣子。

與其讓上半身與地面垂直，稍微前傾能讓姿勢顯得較自然。

雙手放進大腿之間的縫隙，看起來整體平衡較好。

身體前屈

身體前屈，雙手放在前方的鴨子坐。使臀部稍微翹起，呈現出可愛的氣氛。

將體重放在前方，用手支撐身體。

抬頭仰望

想強調胸部的話，則要夾緊腋下，做出使胸部往內側集中的姿勢。

以俯角來看，膝蓋稍微向外。

角度
採用正上方的視角，不僅能讓視線集中在臉蛋與胸部，也能呈現張開的雙腳姿勢。

剪裁 不要裁切下半身

如同下圖所示，稍微裁掉膝蓋前端並不會對鴨子坐姿勢有任何影響，但由於雙腳的姿勢為其特徵，最好盡量不要剪裁下半身。

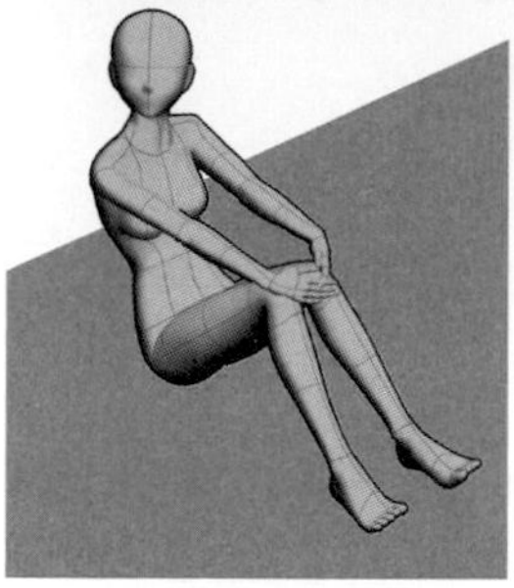

雙腳折疊抱膝而坐

抱腿坐

彎曲的雙腳看起來像三角形的坐姿。基本形式為使膝蓋靠胸，用雙手抱住。由於身體如同折疊般，能使角色顯得嬌小，營造出可愛感。

伸展背部與雙腳

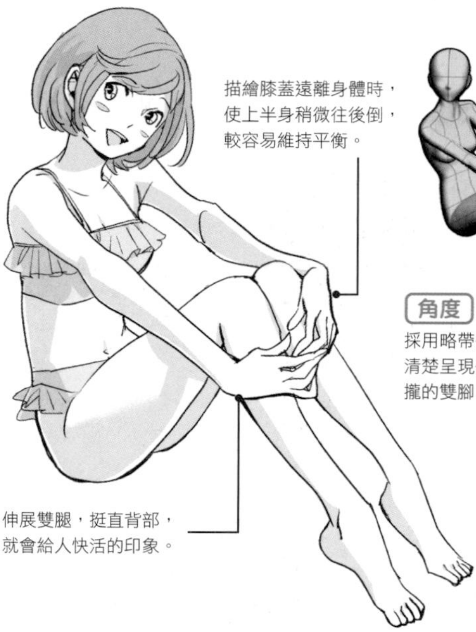

描繪膝蓋遠離身體時，使上半身稍微往後倒，較容易維持平衡。

伸展雙腿，挺直背部，就會給人快活的印象。

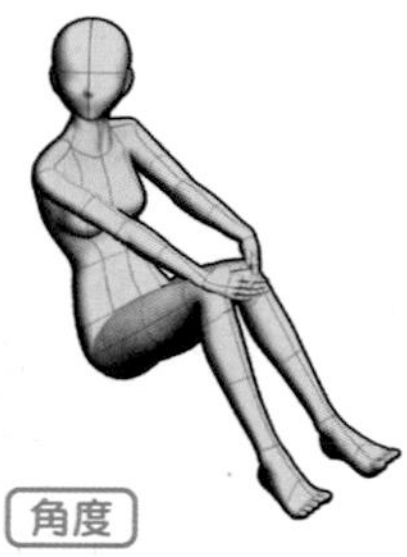

角度

採用略帶俯角的視角，就能清楚呈現伸直的手及彎曲併攏的雙腳。

蜷曲而坐

膝蓋往胸部靠的抱腿坐，變成因緊張恐懼等而身體蜷曲的姿勢。能表現角色變膽小的樣子。

雙手抱膝，使膝蓋往胸部靠。

角度

採用從正面看的視角，由於身體線條不明顯，視線集中在表情上，就變成貼近角色心情的姿勢。

手放在腳下

使雙手穿過腳下的抱腿坐姿勢。肩膀與垂下的手連動，位置也跟著下降。

雙腿併攏能給人姿勢良好的印象。

Tips 抱腿坐的三角形

以地面、背部與小腿三邊所構成的大三角形為直角三角形，大腿、地面與小腿肚所構成的三角形為等邊三角形的感覺來描繪，就能畫出維持優美平衡的姿勢。

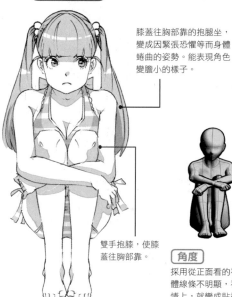

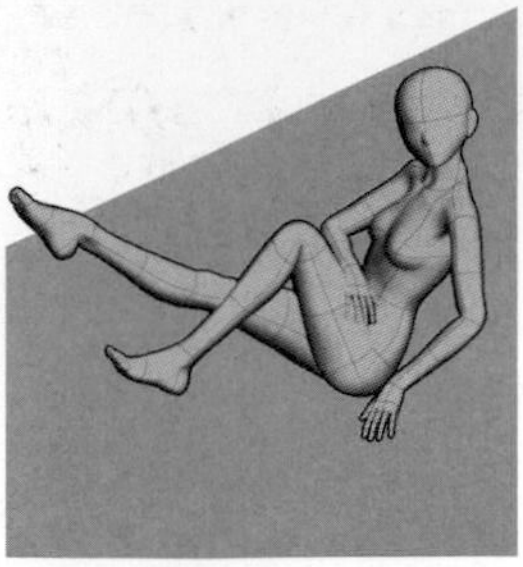

兩腿向前伸出

伸出或高舉雙腿，突顯腿部的姿勢。這種姿勢能充分表現出腿部的曲線美與性感，引出長腿角色的魅力。

展現腿部線條美

特地讓左右兩腳擺出不同的姿勢，充分呈現腿部曲線美。

伸直腳尖使腿顯得修長。

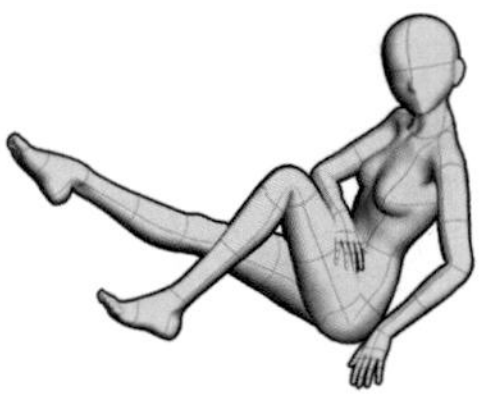

角度

採用略帶俯角、從側面看的視角，能優美展現腿部線條。

展現呈內八字的雙腳

雙手放進大腿之間，自然向前伸出雙腳的放鬆姿勢。使膝蓋倒向身體內側，雙腿呈內八字，就能提升可愛感。

角度

採用俯瞰視角，讓呈內八字的雙腿角度一目了然。

高舉一隻腿

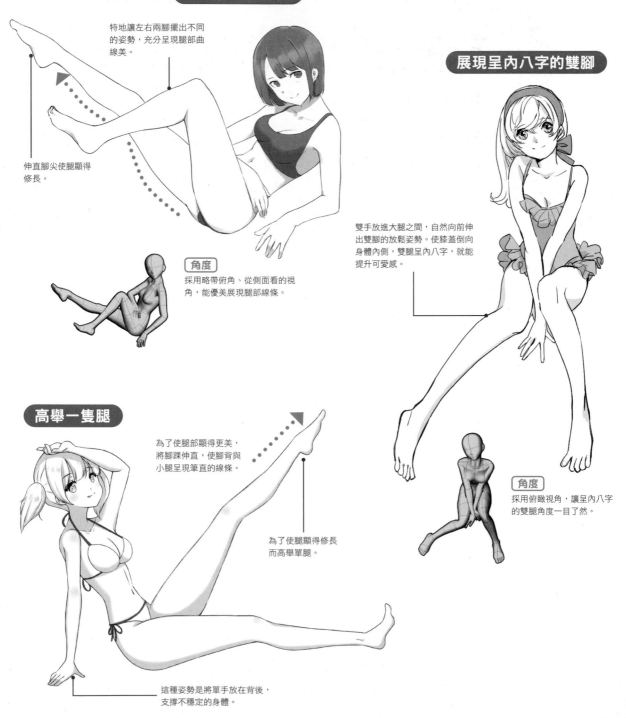

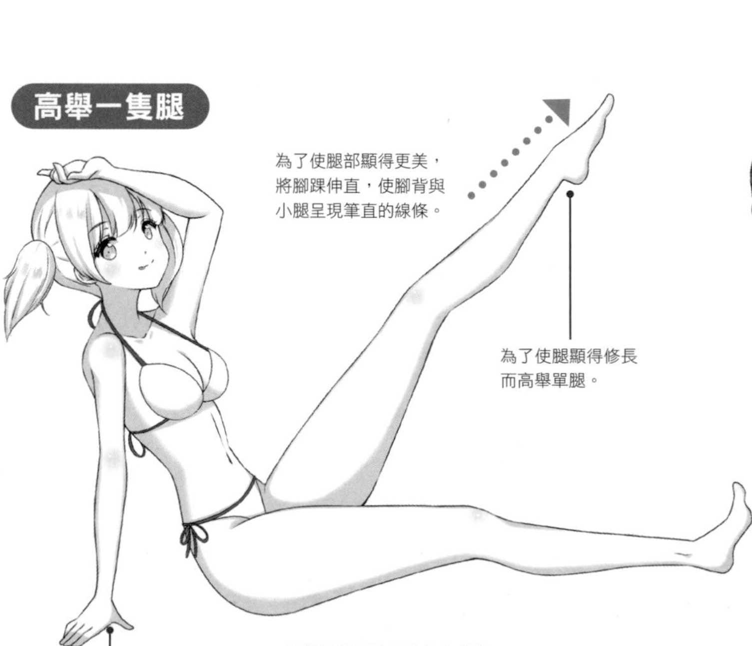

為了使腿部顯得更美，將腳踝伸直，使腳背與小腿呈現筆直的線條。

為了使腿顯得修長而高舉單腿。

這種姿勢是將單手放在背後，支撐不穩定的身體。

豎起單腳膝蓋的休息姿勢

豎起膝蓋

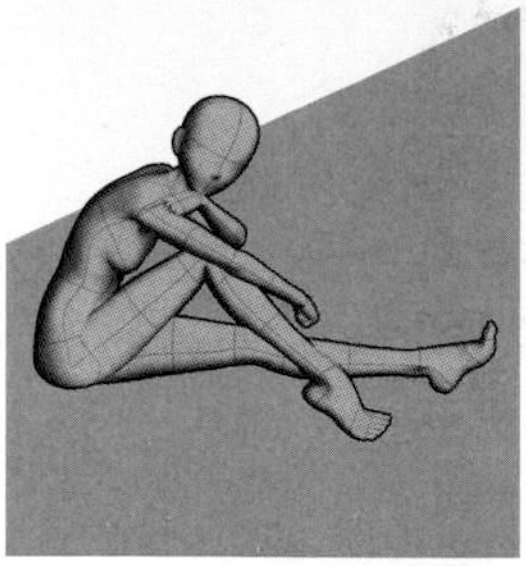

豎起單腳膝蓋的坐姿與盤腿坐一樣，都是放鬆雙腳的輕鬆坐姿。手肘放在豎起的膝蓋上為基本姿勢。這麼一來就能呈現放鬆自然的姿勢。

豎起膝蓋的腿呈三角形

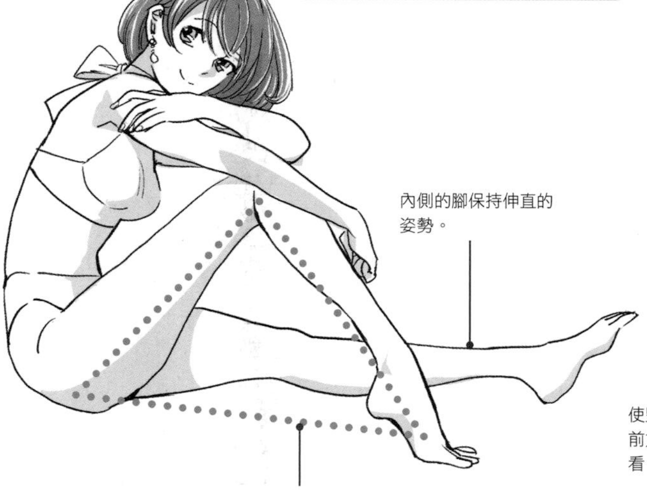

內側的腳保持伸直的姿勢。
豎起前方的腳的膝蓋時會呈三角形，使姿勢顯得優美。

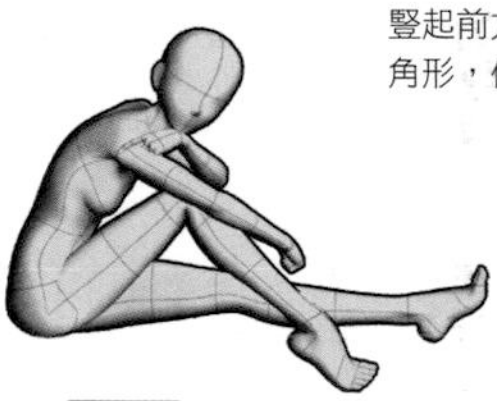

角度

若採用從側面看的視角，就能充分展現呈三角形的豎膝之美。

雙腳交叉呈十字形

手臂放在膝蓋上，手則放鬆自然垂下。
使豎起的腳放在盤起的腳的前方，形成十字形。從正面看，雙腿完美地交叉。

坦蕩的姿勢

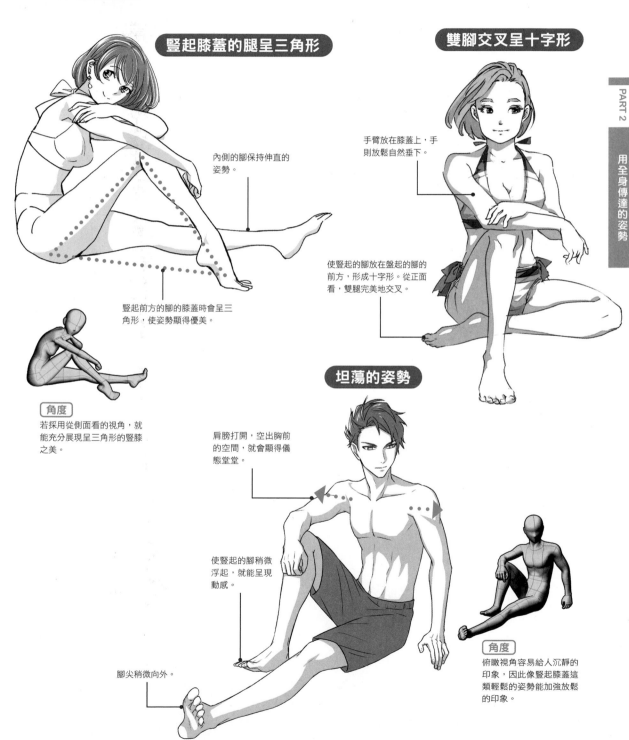

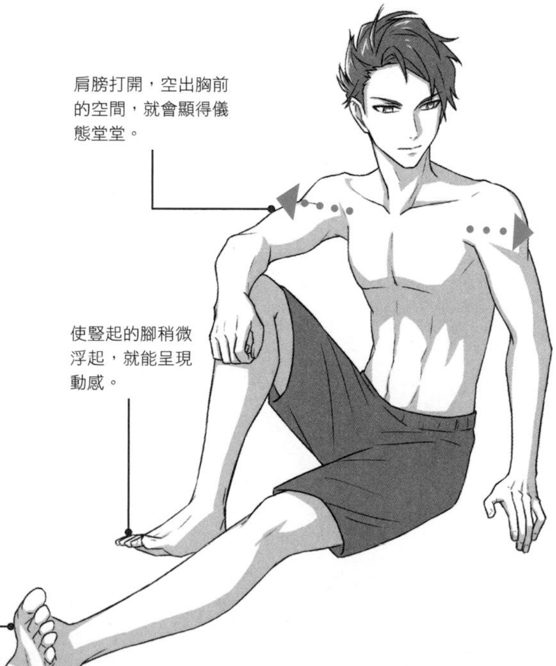

肩膀打開，空出胸前的空間，就會顯得儀態堂堂。
使豎起的腳稍微浮起，就能呈現動感。
腳尖稍微向外。

角度

俯瞰視角容易給人沉靜的印象，因此像豎起膝蓋這類輕鬆的姿勢能加強放鬆的印象。

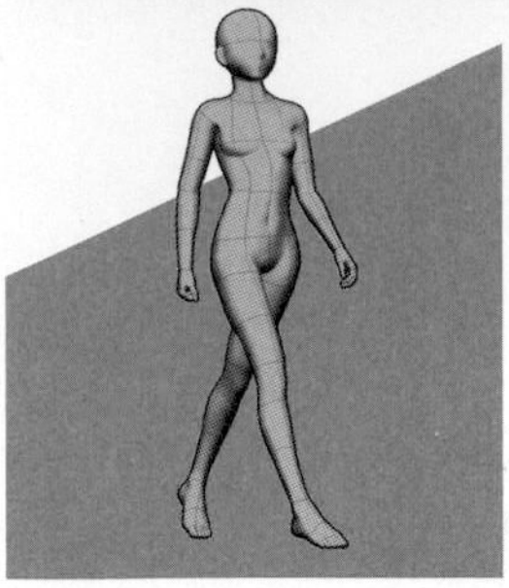

動作的基本姿勢

步行

步行姿勢的印象會隨著步伐大小而大幅改變。想呈現充滿朝氣的氣氛或坦蕩的印象時，通常會採用大步伐，小步伐則適用於平凡無奇場面的姿勢。

抬頭挺胸

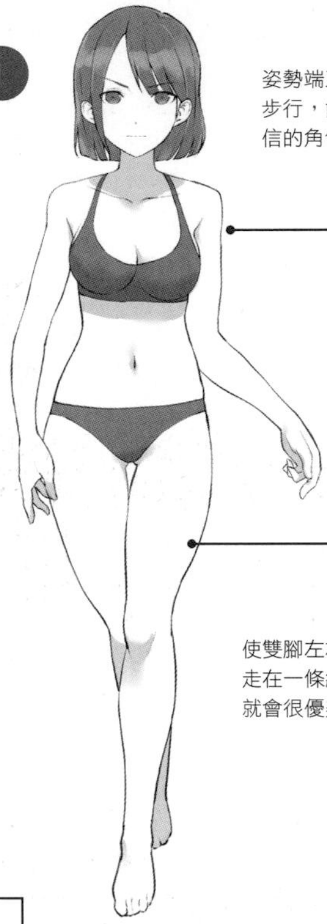

姿勢端正、抬頭挺胸地步行，能表現出充滿自信的角色。

使雙腳左右交叉，像是走在一條線上，看起來就會很優美。

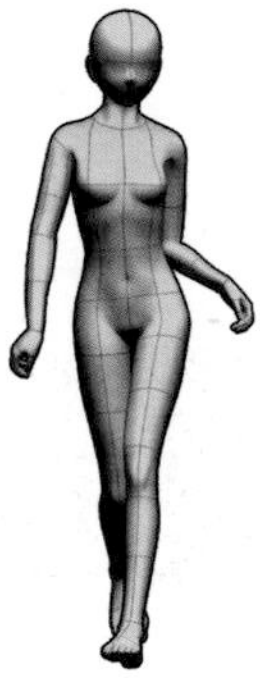

角度

採用正面視角來捕捉畫面，會產生「充滿幹勁的感情」、「準備行動的意志」等主動的印象。

身體前屈裝腔作勢

以裝腔作勢的感覺身體前屈步行。從腰部開始彎曲上半身。

手稍微插入口袋也能營造出裝腔作勢的印象。

模特兒台步

視線筆直地望向遠方。

宛如模特兒走伸展台般漂亮的步行姿勢。步伐比一般走路時更大，就能醞釀出凜然的氣氛。

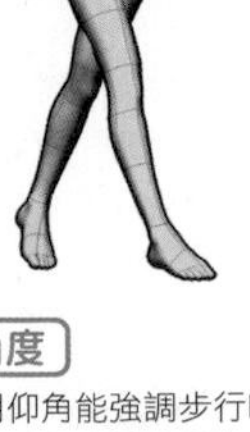

角度

採用仰角能強調步行時的腿，增加姿勢的魄力。

Tips 手的振幅配合步伐

使腿部動作與手部擺動產生關聯，就能構成姿勢。基本上邁開大步走時，手也會跟著大幅擺動；步伐較小時，手也不太會擺動。

走路時回頭看

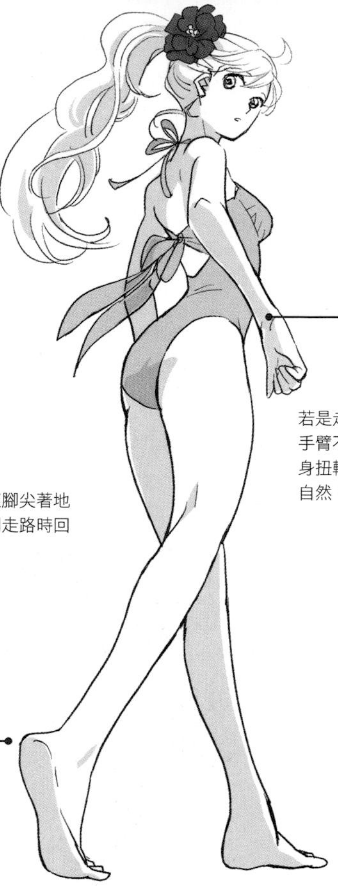

若是走路時回頭看的話，手臂不要擺動，配合上半身扭轉的動作會顯得比較自然。

擺出後方的腳僅腳尖著地的姿勢，能強調走路時回頭看的感覺。

邊思考邊走路

由於是日常生活的步行姿勢，動作較小。

低著頭能表現出正在思考的樣子。

手臂不要擺動，縮小步伐。

逛街

藉由視線往旁邊看，表現出瀏覽櫥窗的樣子。

手臂不要擺動，以單手握住背包的背帶。

邁開大步前進

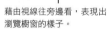

手臂彎成90度直角大幅擺動，就會營造出朝氣蓬勃的氣氛。

腳部抬高，彷彿遊行隊伍行進的姿勢。

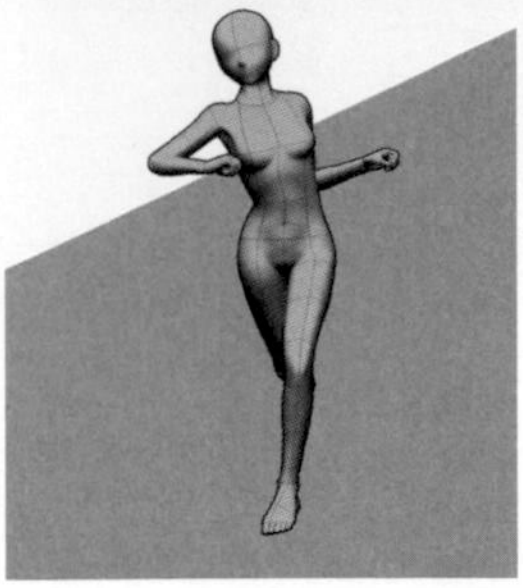

活力充沛向前跑的表現

衝刺

充滿活力地以全速全力奔跑時的姿勢。為充滿躍動感的衝刺動作，可用來表現朝著目標勇往直前的角色及積極開朗的性格等。

手臂大幅擺動

畫出手臂大幅擺動的感覺，就能呈現躍動感。

從正面看，後方腿部膝蓋以下的部分會看不太清楚。

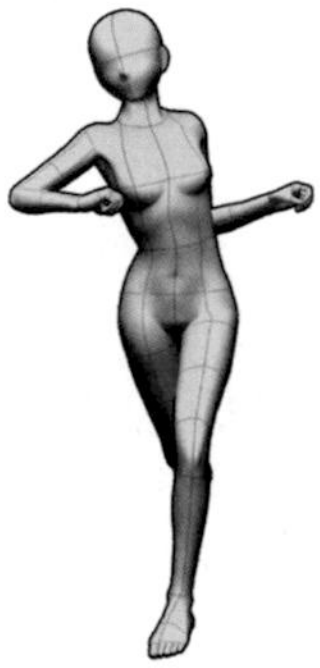

角度

採用與角色同樣的視線高度觀看奔跑模樣的視角。

全力衝刺

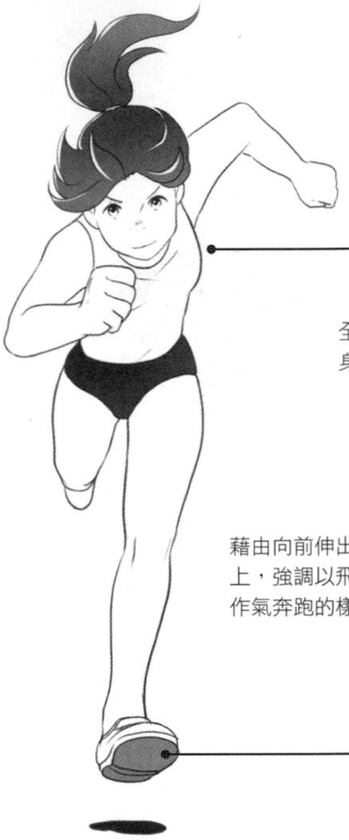

全力衝刺時，上半身會往前傾。

藉由向前伸出的腳浮在地面上，強調以飛快的速度一鼓作氣奔跑的樣子。

宛如跳躍般奔跑

畫出手腳朝上的樣子，表現出跳躍般的動作。

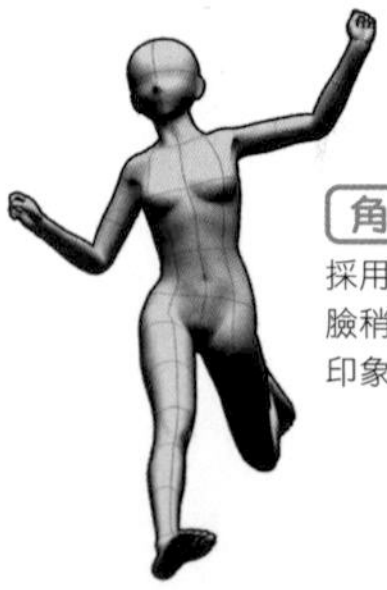

角度

採用仰角視角能使角色的臉稍微朝上，強調積極的印象。

Tips 跑步速度的表現

在跑步的姿勢中，身體愈是前傾，看起來跑得愈快。

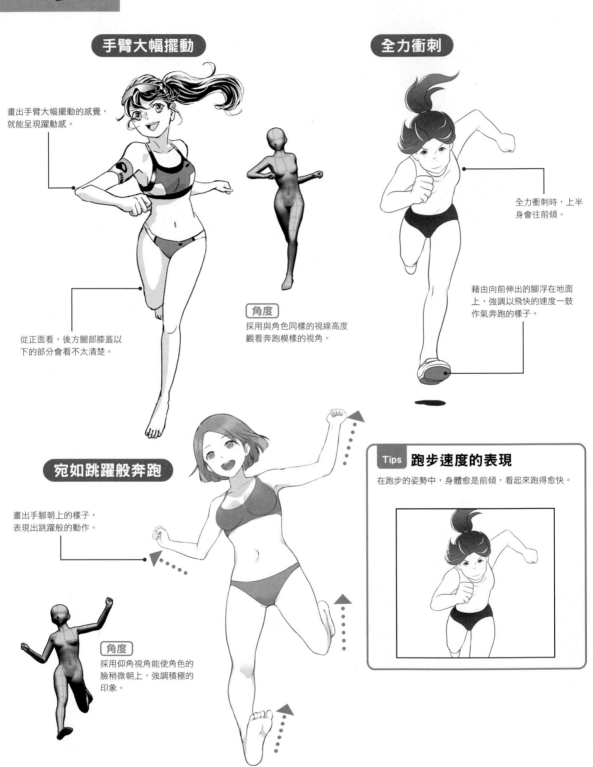

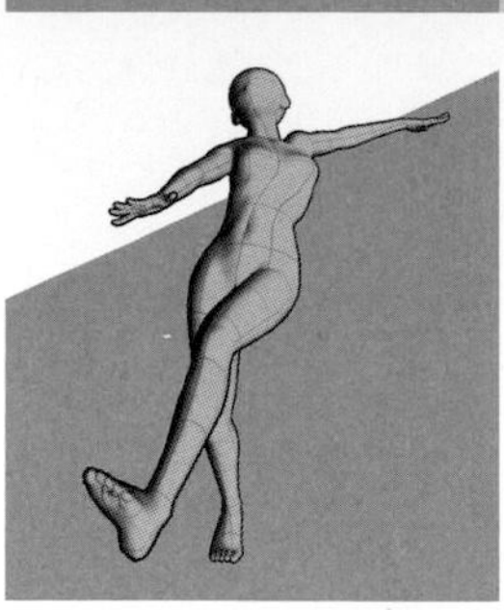

加上幽默的動作

摔倒

跌倒瞬間的姿勢可藉由想保持平衡而掙扎的手、朝跌倒方向伸出的手，以及行動緩慢的腳等生動的動作，呈現出既幽默又有躍動感的姿勢。

向前摔倒

身體前傾而摔倒瞬間的姿勢。

瞬間伸出的手筆直伸直。

角度

採用視點高度配合角色視線高度的視角，就能清楚展現臉及伸出的手。

向後摔倒

使手大幅揮動，設法維持身體平衡的姿勢。

採用仰角來描繪，能強調設法挺住而伸出的手腳，形成強而有力的構圖。

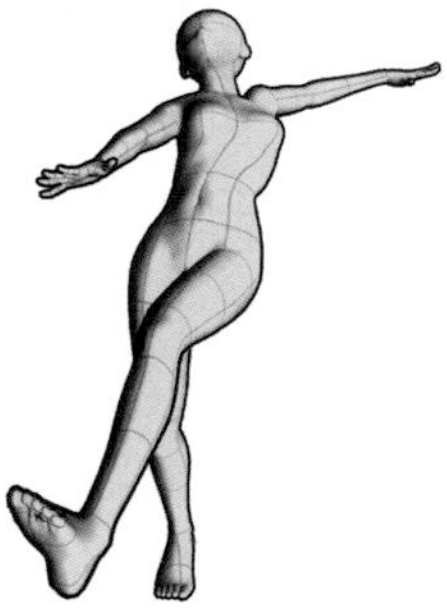

角度

採用將相機置於下方的低視角，強調腿部的動作。

滑倒

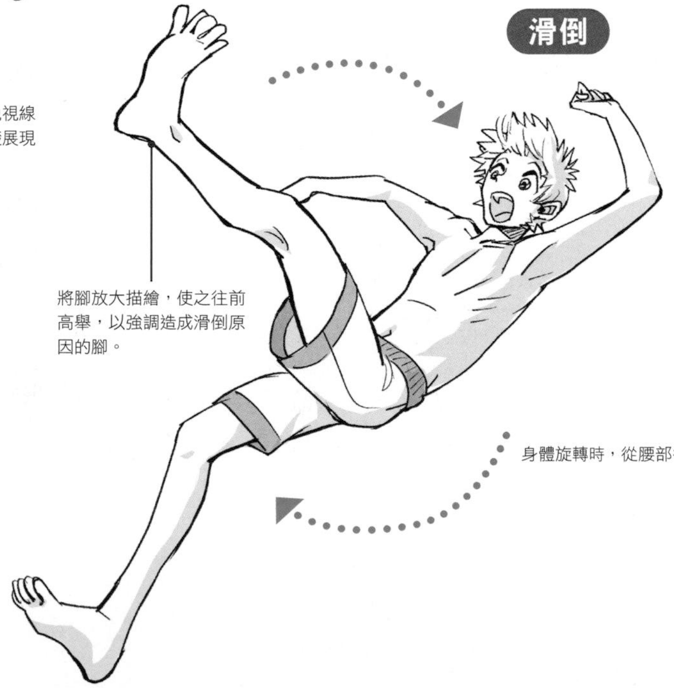

將腳放大描繪，使之往前高舉，以強調造成滑倒原因的腳。

身體旋轉時，從腰部往後倒。

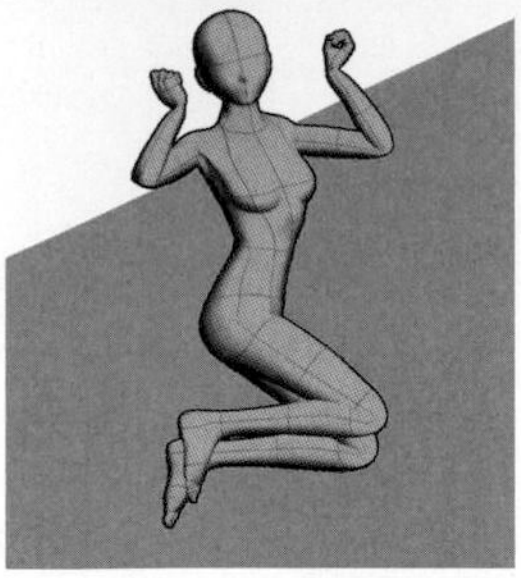

爆發滿溢的能量

跳躍

跳躍的瞬間充滿躍動感。違抗重力、雙腳彎曲盡情跳高的樣子，讓人瞬間感覺到年輕的能量。跳躍也能用來展現青春的印象。

可愛地跳躍

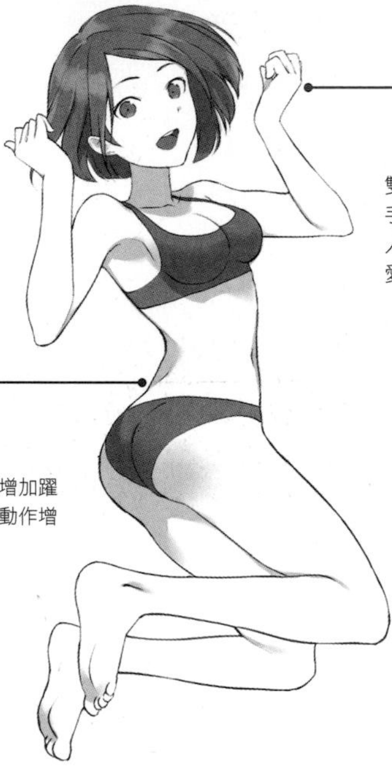

雙手彎曲，使握拳的手靠近臉旁，就能給人充滿女孩子氣的可愛印象。

藉由扭腰來增加躍動感，能替動作增添變化。

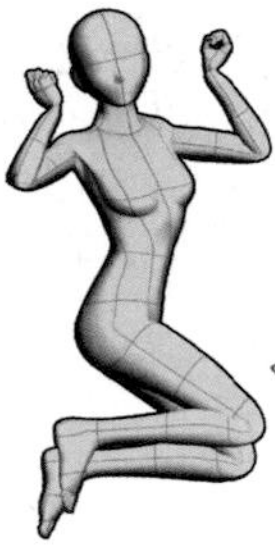

角度

側面視角能完全展現臉部、胸部及臀部的線條等身材比例。

安靜地跳躍

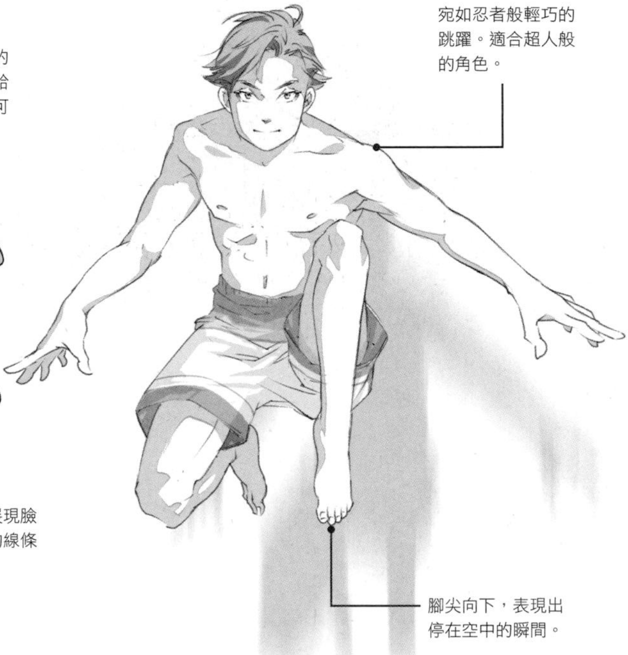

宛如忍者般輕巧的跳躍。適合超人般的角色。

腳尖向下，表現出停在空中的瞬間。

活力十足地跳起

如同揮拳慶祝般高舉握拳的手，給人活力充沛又開朗的印象。

藉由膝蓋大幅彎曲，盡情跳躍，增加躍動感。

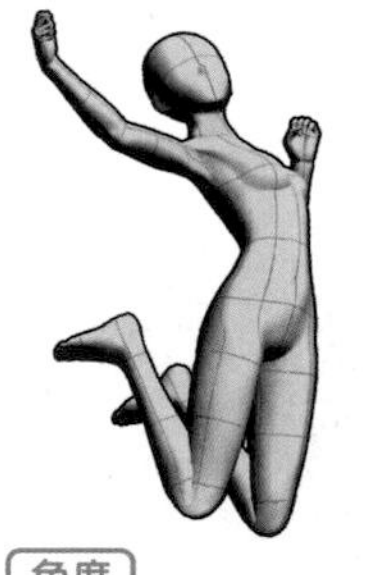

角度

仰角能強調對象的高度，表現出跳躍的氣勢。

Tips 彎曲膝蓋跳高

膝蓋彎曲幅度愈大，愈能給人跳高的感覺。

雙腳內八地跳躍

使肩線傾斜，形成對立式平衡姿勢，加強跳躍的躍動感。

雙腳內八也能增添可愛感。

翻越圍牆

雙腳往側邊倒，構成容易跳越障礙物的姿勢。

將全身體重壓在單手上，做出翻越圍牆等障礙物的姿勢。一瞬間將所有重心全放在單手上。

雙腳張開

雙腳向左右大幅張開、像雜技般的跳躍。

藉由直線性動作表現出俐落又有躍動感的姿勢。

如同跨越跳箱般雙手併攏，可強調跳躍的氣勢。

跳過水窪

大步跳過水窪般的姿勢能用來表現快活又有活力的角色。

颯爽地降臨大地

著地

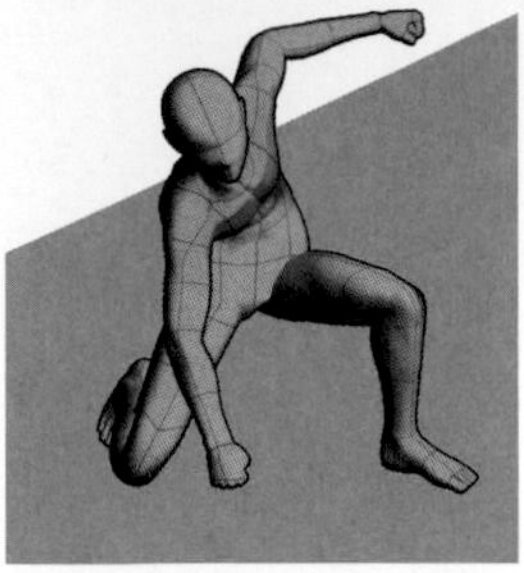

著地也是緊張的瞬間。藉由調整姿勢維持平衡的手部姿勢及著地時腳的動作，能表現各種不同的著地。著地後，兩膝彎得愈深，著地時的衝擊就愈大。

呈現豪邁感

一手筆直垂下，與腳同時著地，以緩和著地時的衝擊。

另一手則向背後舉起，做出有如拉弓般的姿勢，以維持平衡。

握緊拳頭給人豪邁的印象。

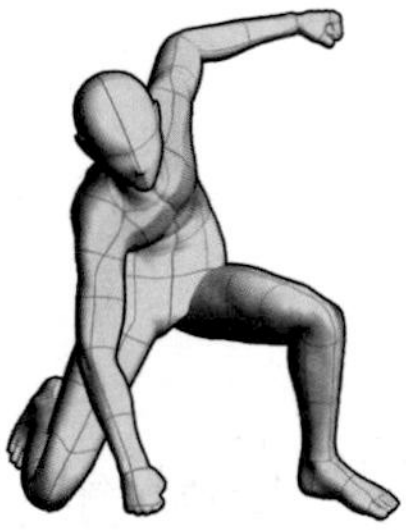

角度

正面視角適用於表現威風凜凜的氣氛。

翩然降落

以彎曲的手臂來調整姿勢。

以腳尖觸地的柔軟動作，就能呈現帶有漂浮感般輕柔地著地。

展現速度感

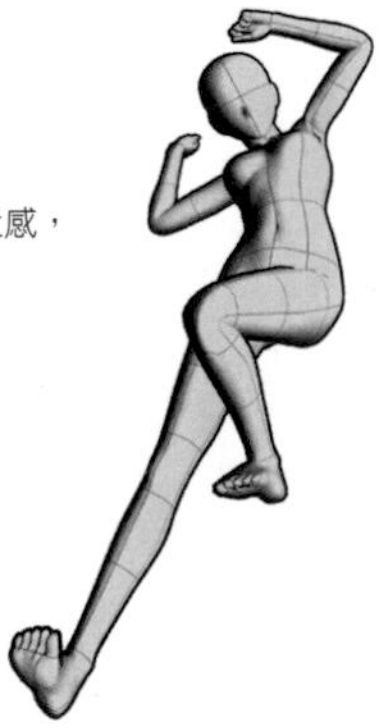

角度

仰角視角能描繪出遠近感，可強調動作的魄力。

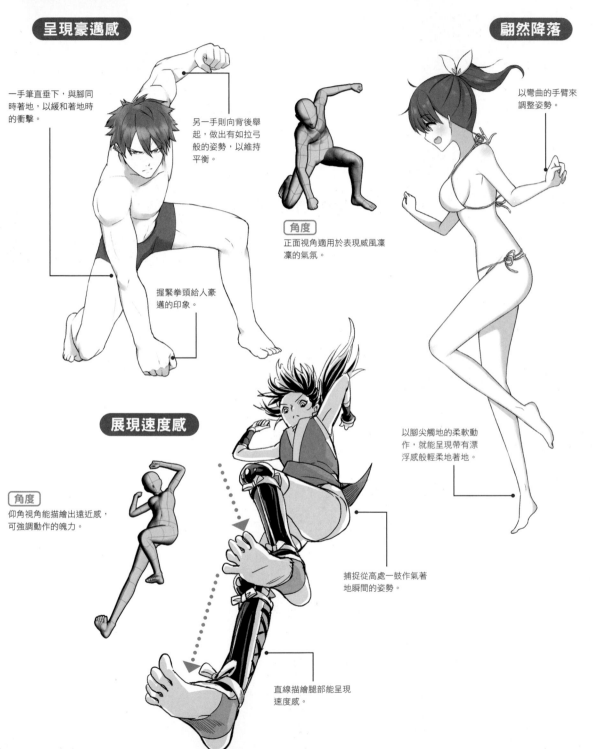

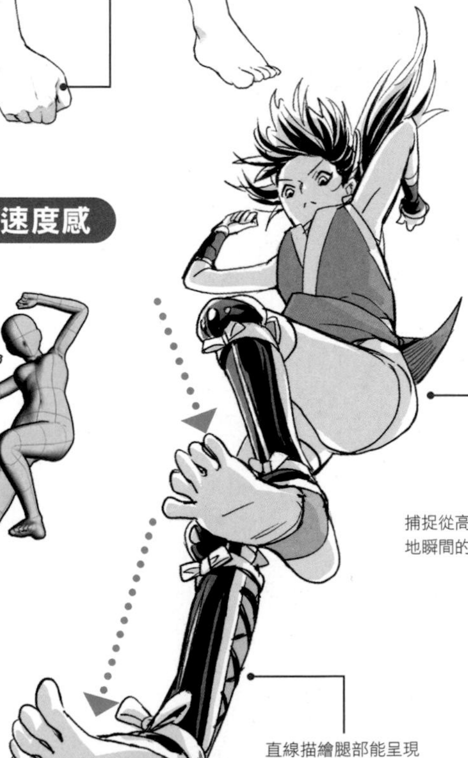

捕捉從高處一鼓作氣著地瞬間的姿勢。

直線描繪腿部能呈現速度感。

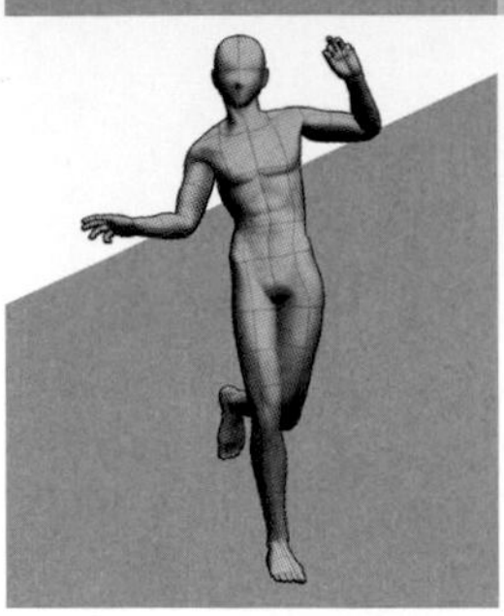

展現油然而生的衝動

跳舞

要讓身體隨心所欲且動作豪邁的舞姿呈現躍動感，必須意識到對立式平衡。透過踩著輕快舞步的姿勢，能表現出自體內湧出的喜悅與快樂，以及帶著衝動跳舞的樣子。

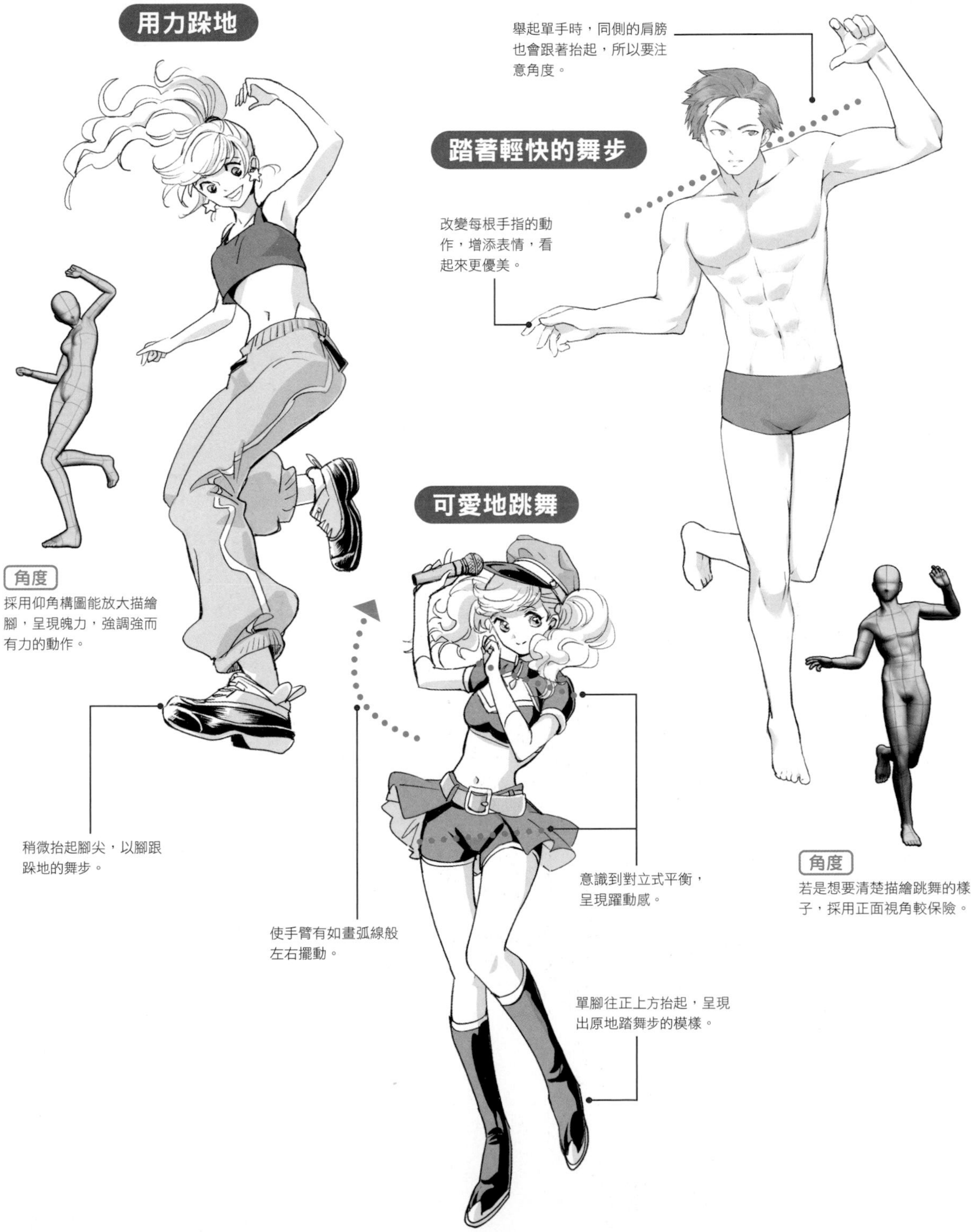
用力跺地
角度
採用仰角構圖能放大描繪腳，呈現魄力，強調強而有力的動作。
稍微抬起腳尖，以腳跟跺地的舞步。
舉起單手時，同側的肩膀也會跟著抬起，所以要注意角度。
踏著輕快的舞步
改變每根手指的動作，增添表情，看起來更優美。
角度
若是想要清楚描繪跳舞的樣子，採用正面視角較保險。
可愛地跳舞
意識到對立式平衡，呈現躍動感。
使手臂有如畫弧線般左右擺動。
單腳往正上方抬起，呈現出原地踏舞步的模樣。

表現感覺不到重力的動作

漂浮

漂浮動作的重點在於讓人感覺不到重力。諸如使身體往旁邊倒、維持不穩定的姿勢，或是伸直腳尖，明確呈現不在地面上的感覺很重要。

呈現漂浮感

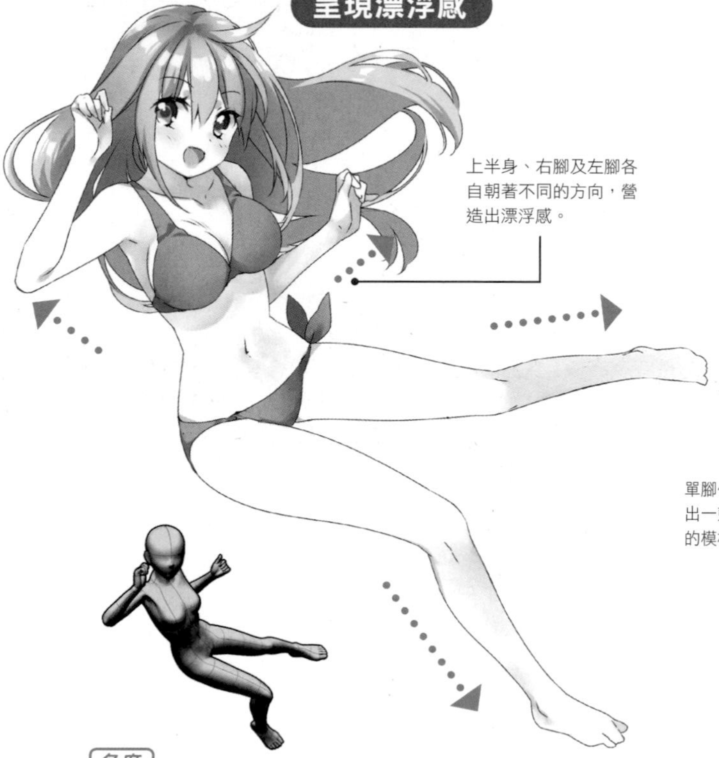

上半身、右腳及左腳各自朝著不同的方向，營造出漂浮感。

角度

採用視點高度與漂浮角色的視線一樣高的側面視角，就能清楚呈現漂浮身體的身材比例與臉部表情。

英雄的飛行

常見於美漫英雄在空中飛翔的招牌姿勢。握緊拳頭能表現出英雄特有的勇猛。

單腳伸直，呈現出一鼓作氣起飛的模樣。

張開的披風是加強在空中飛翔印象的配件。

身體往後仰

為了呈現在水中漂浮的樣子，使身體微微後仰，給人柔軟的印象。

豎起手腕做出維持平衡的姿勢，看起來就像穩定漂浮的樣子。

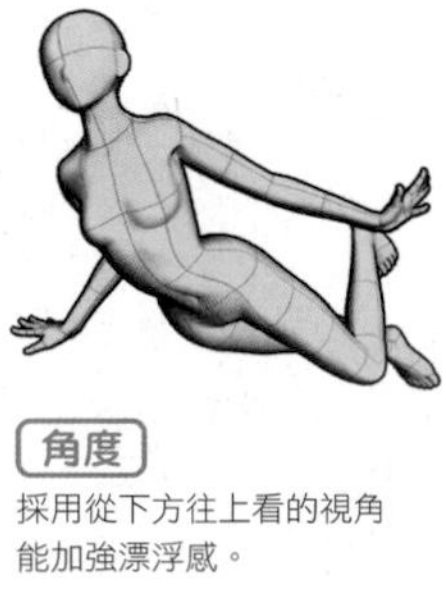

角度

採用從下方往上看的視角能加強漂浮感。

在空中直立

威風凜凜、動作少的姿勢能用來表現有威嚴的角色。

藉由伸直腳尖及翅膀來表現漂浮感。

兩膝彎曲

雙腳膝蓋彎曲，使人產生漂浮的印象。

伸直腳尖，呈現出體重沒有放在腳上的樣子。

無重力

使腳朝上方，頭朝下方，就能產生置身在無重力空間的印象。

Tips 藉由頭髮呈現漂浮感

透過使頭髮向上方或旁邊流動，就能呈現出漂浮感。

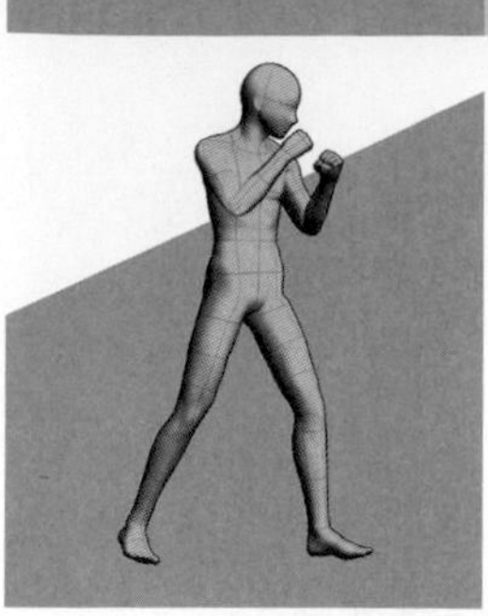

嚴陣以待，奪得勝利

戰鬥姿勢

戰鬥姿勢的重點在於擺出隨時都能攻擊的姿勢。向前伸出手臂，以備進行出拳等攻擊或防禦動作。下半身則是如同縮緊的彈簧，膝蓋微彎，以備即時出動。

表明戰意

握緊拳頭的勇猛姿勢。舉拳姿勢為戰意的表現。

後腳腳跟抬起，以備瞬間行動。

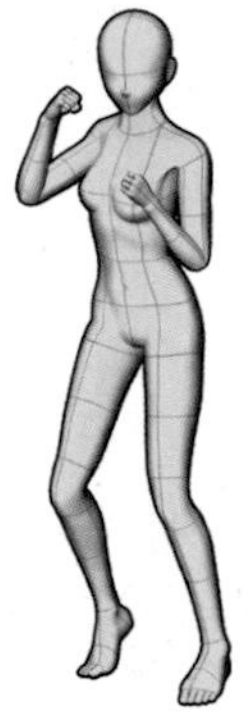

角度

採用從側面看的視角，能立體傳達所擺架式的手腳位置。

空手道的架式

怒目以對，以免視線離開對手。

腰身稍微放低，擺出以雙腳均勻支撐重心又有穩定感的姿勢。

以半身擺架式

為縮小敵方的攻擊範圍，而以半身對對手擺出架式。

腳向前跨步，擺出對攻擊能瞬間反應的姿勢。

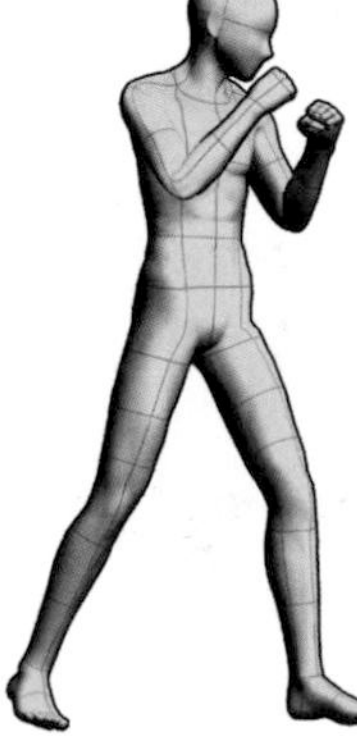

角度

從側面看的視角能讓手臂位置及雙腳張開幅度等一目了然，像是在說明情境。

充滿威力的架式

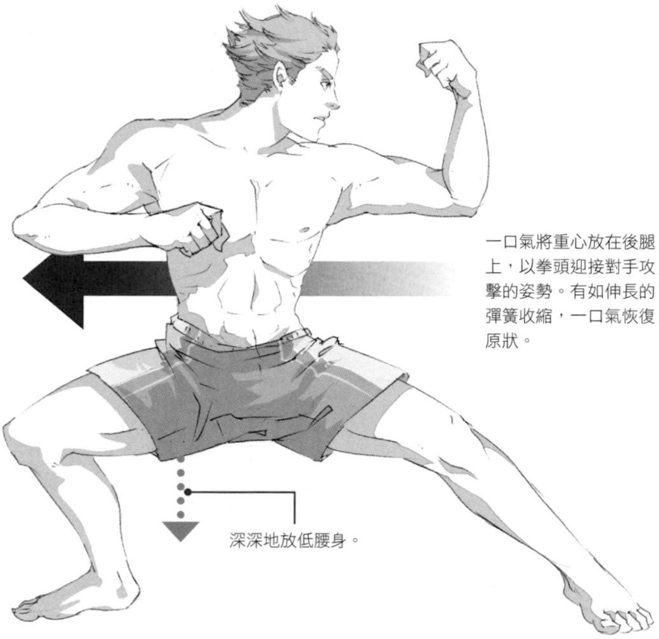

一口氣將重心放在後腿上，以拳頭迎接對手攻擊的姿勢。有如伸長的彈簧收縮，一口氣恢復原狀。

深深地放低腰身。

放低重心

與對手四目相對，側身擺出架式的姿勢。

為了蓄積力量而彎曲膝蓋，放低重心，做好備戰姿勢。

以單腳擺架式

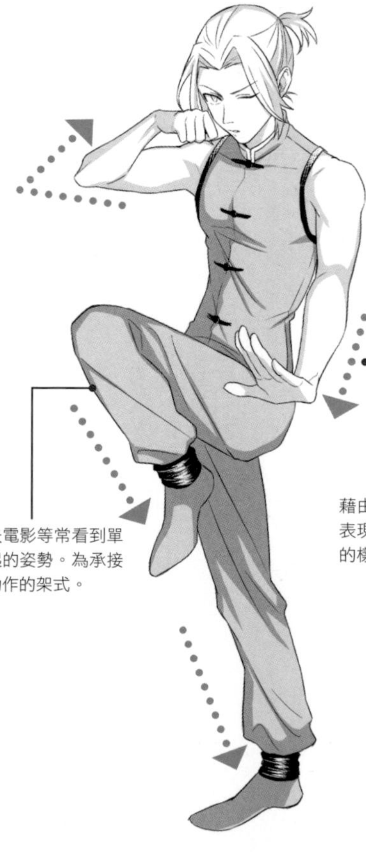

在功夫電影等常看到單腳舉起的姿勢。為承接快踢動作的架式。

藉由直線性動作表現出充滿力量的樣子。

鎖定拋出對方的架式

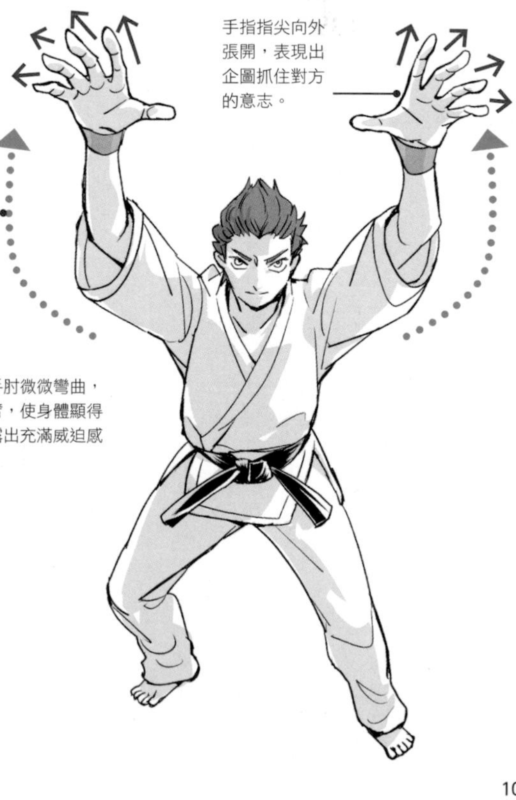

手指指尖向外張開，表現出企圖抓住對方的意志。

藉由張開手肘微微彎曲，並高舉手臂，使身體顯得強壯，流露出充滿威迫感的氣氛。

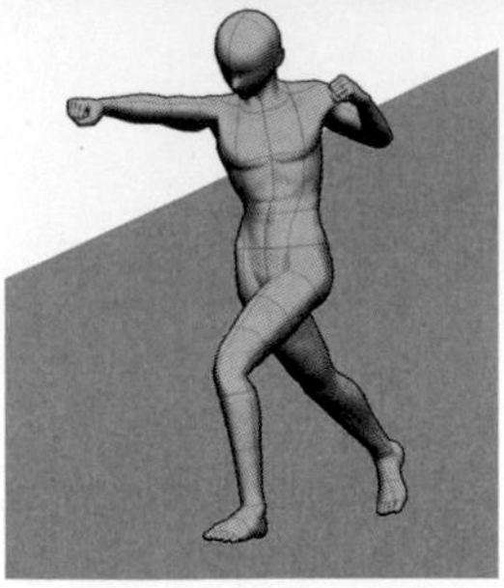

揮出拳頭的動作

拳擊

為了讓力量充分傳送到出拳的拳頭上，需要靠全身的動作。不妨想像扭腰跨步、重心往前移動的樣子來擺出姿勢。

基本的出拳

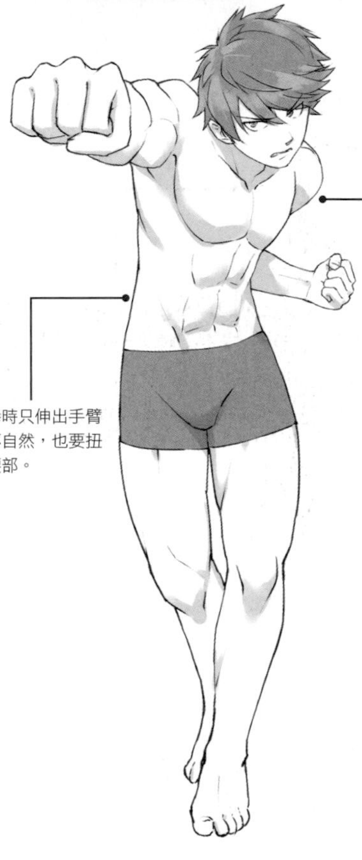

腋下要收緊。

出拳時只伸出手臂很不自然，也要扭轉腰部。

使勁出拳

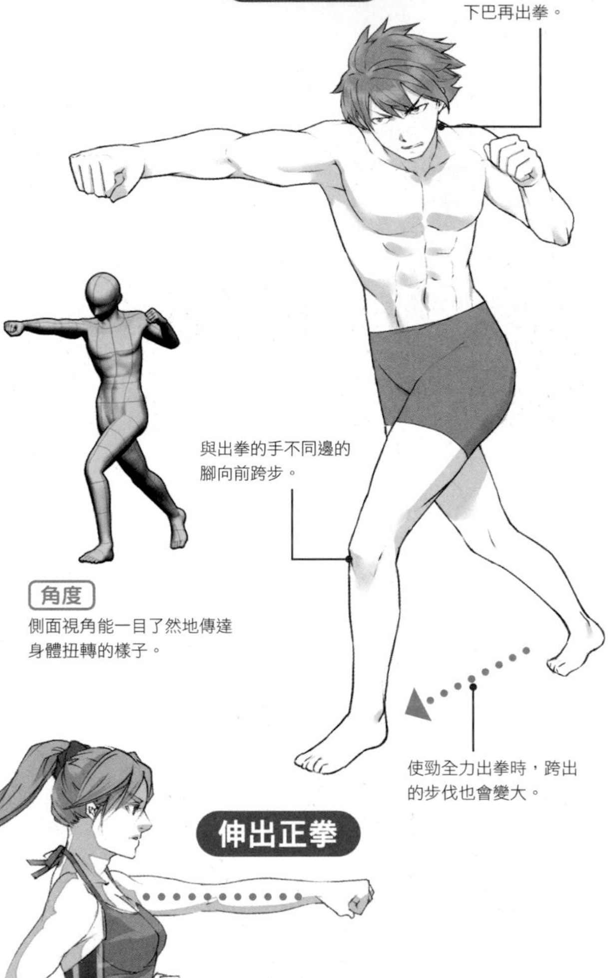

使勁出拳時要收起下巴再出拳。

與出拳的手不同邊的腳向前跨步。

使勁全力出拳時，跨出的步伐也會變大。

角度

側面視角能一目了然地傳達身體扭轉的樣子。

伸出正拳

向前伸出的手臂與另一邊手臂的位置平行，動作看起來就會很有美感。

向前跨步的腳的膝蓋突出。

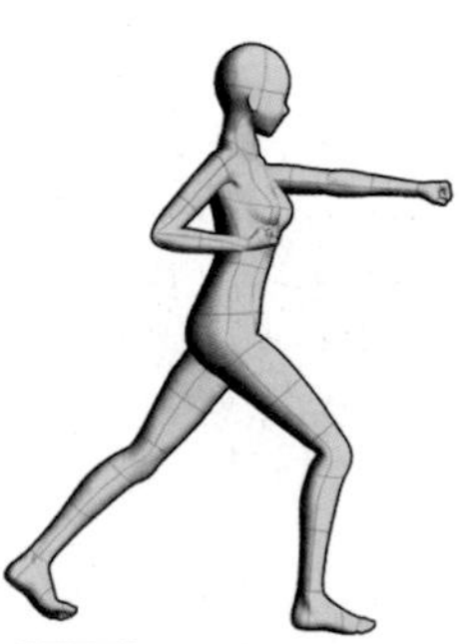

角度

側面視角能清楚看出伸出的手臂及跨步的腿部姿勢。

穩定下半身

食指比其他指頭稍微伸出。

放低腰身，擺出下半身穩定的姿勢，出拳就會顯得沉重有力。

打鉤拳

鉤拳（沿著曲線軌道出拳的拳擊）是藉由手肘彎曲，擺出從旁出拳的態勢，使離心力發揮作用的姿勢。

由於是一鼓作氣地向前跨步，所以左腳是伸直的。

猛撲

這裡準備出拳的是位在後方的右手。藉由握緊手指呈現蓄勢待發的樣子。

以右手及左手表現出遠近感，藉由整體加上透視圖，表現出朝對方猛撲過去的氣勢。

向上出拳

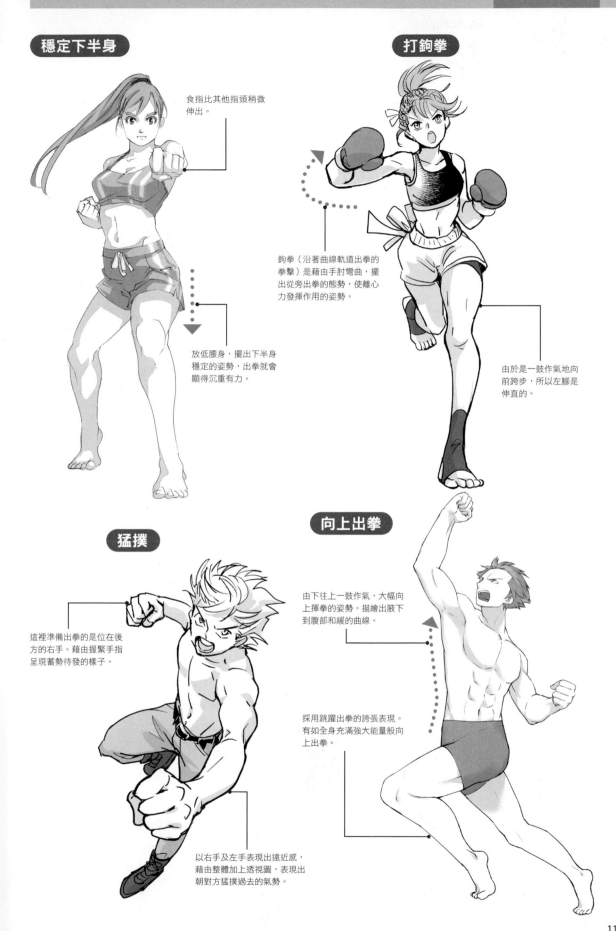

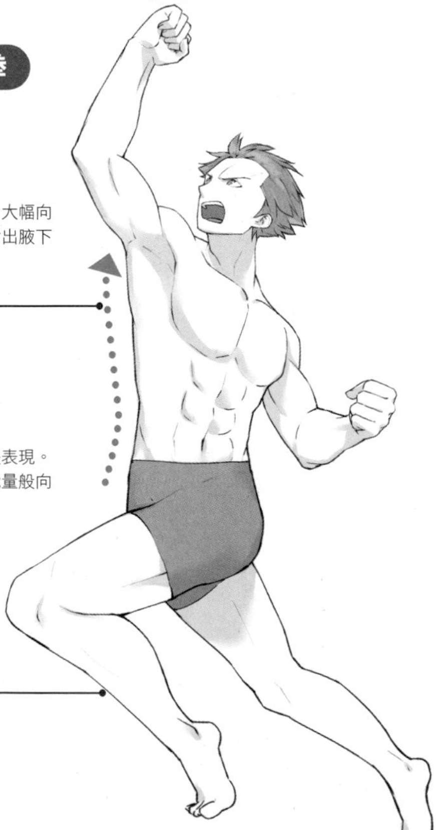

由下往上一鼓作氣，大幅向上揮拳的姿勢。描繪出腋下到腹部和緩的曲線。

採用跳躍出拳的誇張表現。有如全身充滿強大能量般向上出拳。

表現出腿部動作的激烈與華麗

踢

踢是向前伸出的腳備受注目的姿勢。運用某些角度與透視畫法，還能給人一鼓作氣使出更強烈的一擊的印象。不光是踢腿，維持平衡的手及腳尖的表現也很重要。

強調踢腿

放大描繪向前踢出的腳能增加魄力。

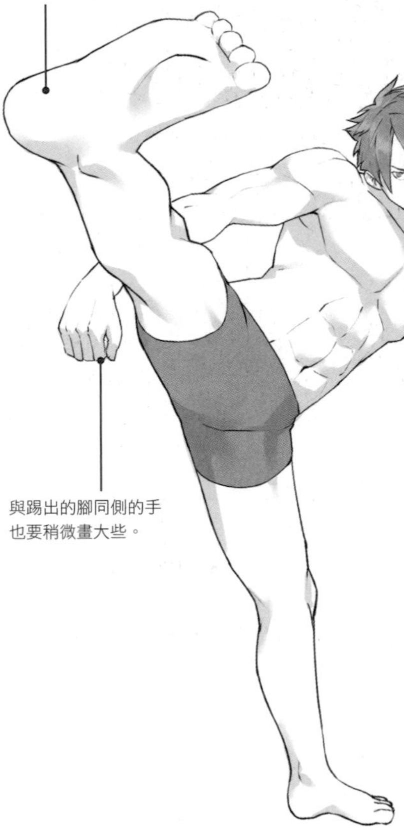

與踢出的腳同側的手也要稍微畫大些。

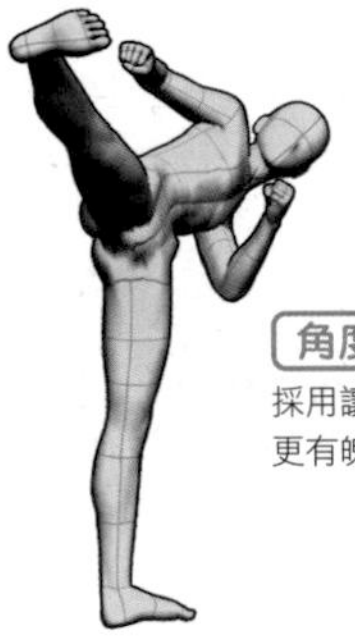

角度

採用讓向前踢的腳更有魄力的角度。

使出踢技的瞬間

扭轉腰部，從上半身先回過頭。

踢腿仍維持彎曲狀態的姿勢，待蓄積力量後再一口氣踢出。

從側面看的踢擊

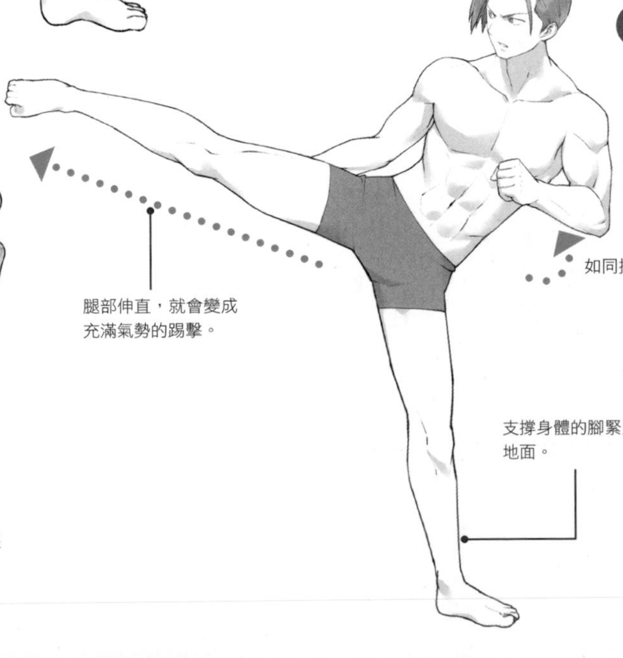

腿部伸直，就會變成充滿氣勢的踢擊。

如同撐起上半身般調整姿勢。

支撐身體的腳緊貼著地面。

角度

採用側面視角，腳長與伸展的樣子就能一目了然。

下壓踢

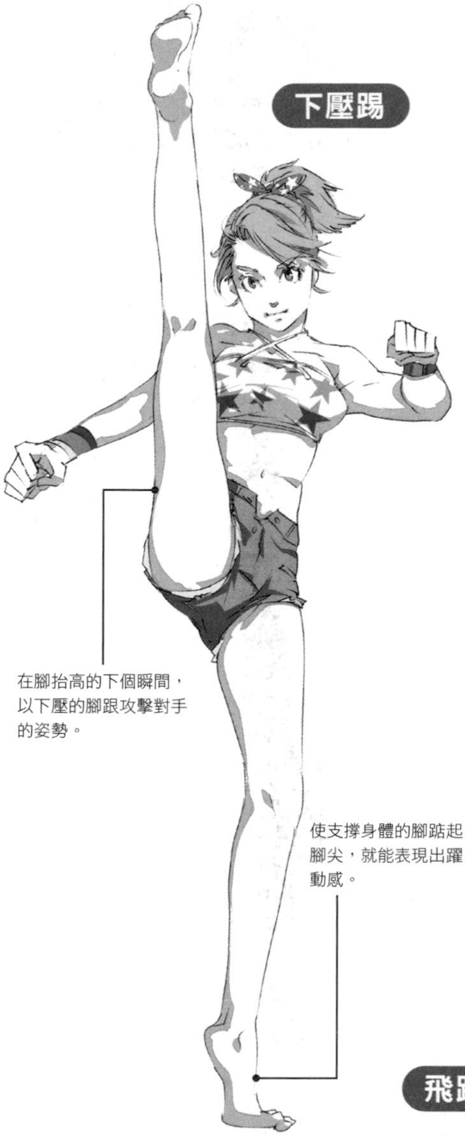

在腳抬高的下個瞬間，以下壓的腳跟攻擊對手的姿勢。

使支撐身體的腳踮起腳尖，就能表現出躍動感。

強烈的一踢

手與腳同樣朝著踢出的方向，藉此強調出力方向。

伸出腳跟。使力量集中在腳跟上，就能使出威力更強的踢擊。

彎曲的趾尖與踢腿同方向，能讓出力方向更一目了然。

抬高踢腿

既能表現角色的柔軟度，也能強調腿部的姿勢。描繪時，使高舉的踢腿與支撐身體的腳幾乎呈一直線。

藉由頭髮及腰帶的搖動營造出動作的激烈與速度感。

飛踢

直線性動作能讓人產生用力的印象。

使用透視畫法放大描繪，藉此強調踢腿。

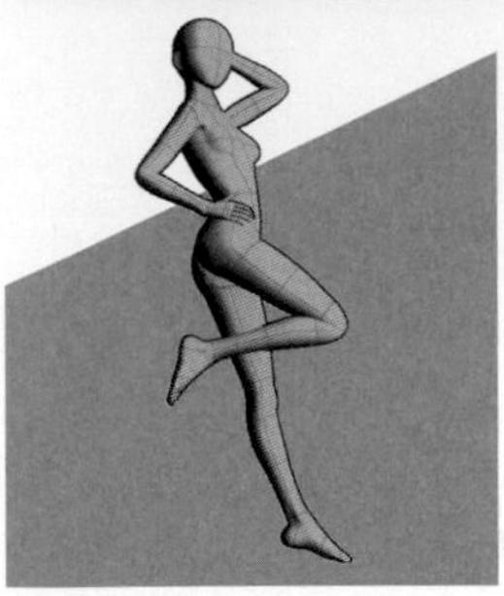

靠牆的站立姿勢

靠牆

這種姿勢給人的印象，會隨著靠在牆上的是背部還是手等身體部位的不同而改變。靠牆時，由於壓在腳上的體重會分散，即使單腳離地也不會顯得突兀。

單手靠牆

整隻手臂靠在牆上的姿勢，能呈現出身體稍微傾斜放鬆的樣子。

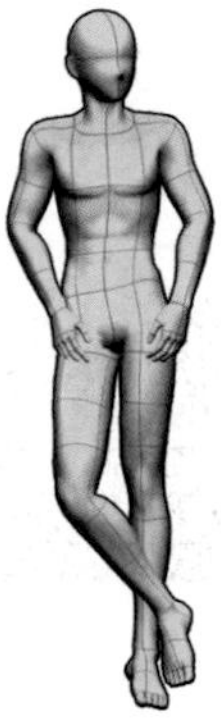

兩腳交叉，以單腳與牆壁支撐體重。

角度

採用正面視角就能清楚看出身體靠牆的傾斜度。

以單腳及背部支撐身體

踩在牆上的那隻腳上方，牆壁與角色之間的空間變寬了。

角度

以側面看的角度來看腳踏在牆上的姿勢，腳與牆壁的位置關係就能一目了然。

踩在牆上的腳膝蓋向前凸出

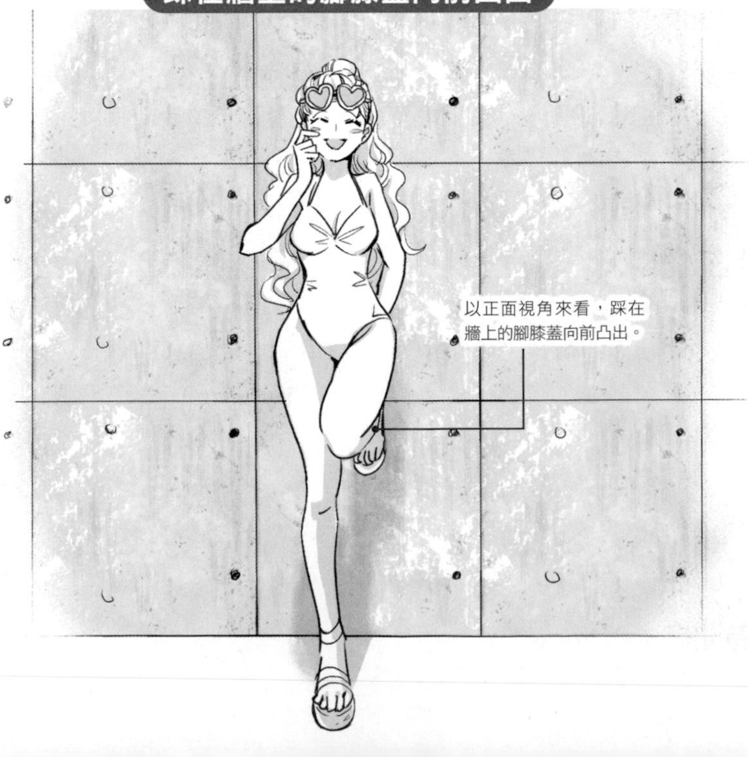

以正面視角來看，踩在牆上的腳膝蓋向前凸出。

單手靠牆

由於牆壁與身體之間空出寬敞的空間，呈現出帶有包容力的感覺。

這個姿勢適合冷酷的帥哥角色。

臉靠近牆上

雙手扶著牆壁，將臉貼近，默默靠近牆上的姿勢。

由於身體靠在牆上，壓在腳上的體重也會跟著減輕，因此腳跟稍微上抬。

以手肘靠牆

一邊用手整理頭髮，一邊以單手手肘靠在牆上的姿勢，呈現出活力充沛的氛圍。

以肩膀靠牆

頭也側靠在牆上，就會流露出慵懶的氣氛。

雙手抱胸，以肩膀靠在牆上的姿勢。

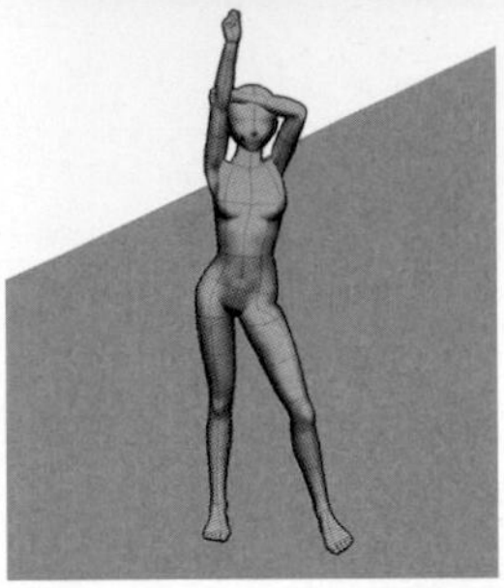

使肌肉健康地伸展

伸展

覺得一般站姿稍嫌不足時等，就會採用伸展姿勢。可作為站姿的延伸變化。非常適合形象健康的角色。

伸展手臂

使手臂內側向外，伸展雙手手臂的姿勢。

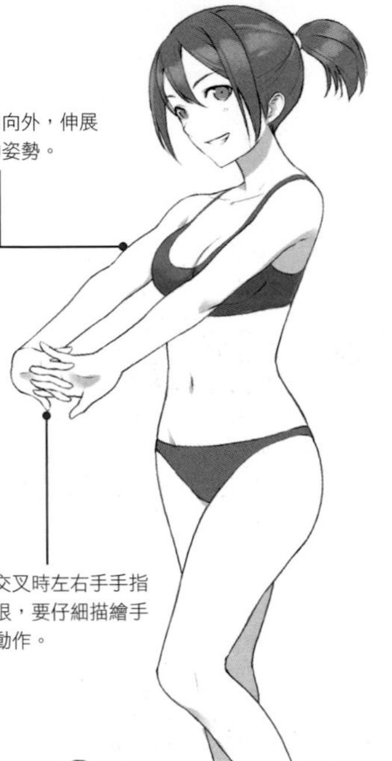

雙手交叉時左右手手指很顯眼，要仔細描繪手指的動作。

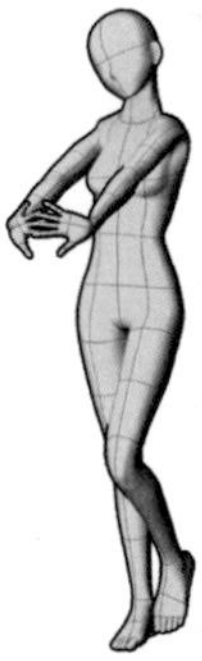

角度

採用側面視角就能清楚展現向前伸展的手臂與肩膀的線條。

伸展背部

單手向上筆直伸展，另一手則放在伸直手臂的手肘一帶。

單腳朝向側面，體重則放在另一腳上。

肩膀周圍的伸展

伸展肩膀到手臂肌肉的姿勢。將手臂拉到面前彎曲手腕，給人的印象較自然。

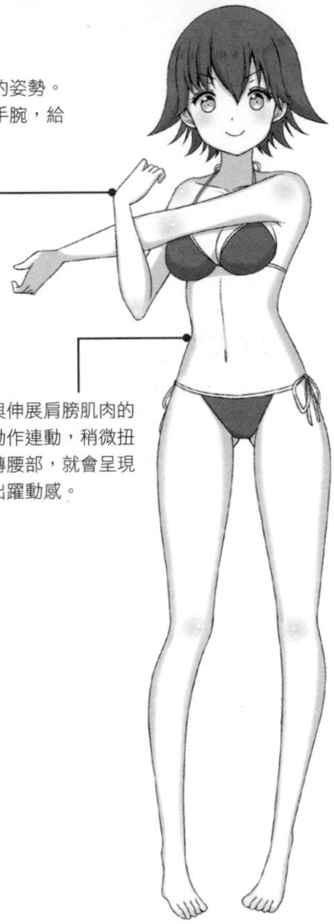

與伸展肩膀肌肉的動作連動，稍微扭轉腰部，就會呈現出躍動感。

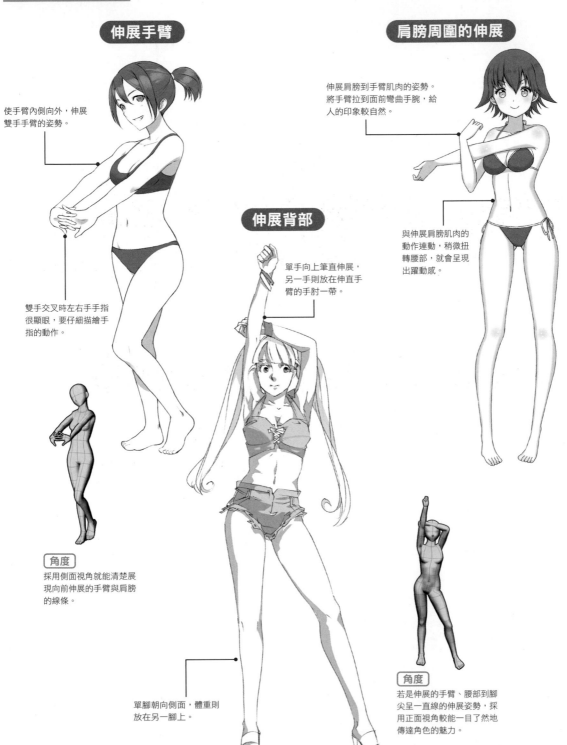

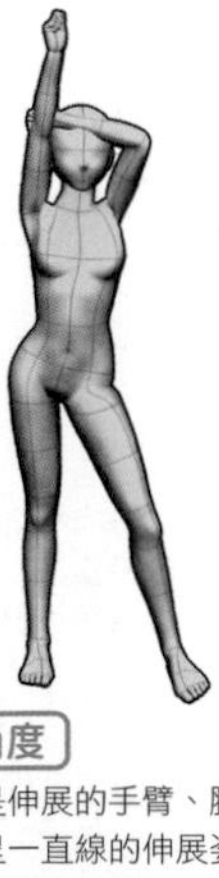

角度

若是伸展的手臂、腰部到腳尖呈一直線的伸展姿勢，採用正面視角較能一目了然地傳達角色的魅力。

展現美麗與健康

有氧舞蹈

有氧舞蹈是眾所熟悉的舞蹈式有氧運動，有許多諸如扭腰、抬腿等健康有躍動感的動作。在考慮運動姿勢時，可以從有氧舞蹈的動作得到提示。

扭腰

角度

大幅擺動的姿勢則採用能優美展現手腳動作的視角。

身體前屈扭腰的姿勢能呈現出起跑的躍動感。

充滿活力地舉起手

舉起整隻手，表現出活力充沛的樣子。

舉起右手與左腳，構成對立式平衡的姿勢。由於臀部往側面抬起，肩膀降下，就會呈現動感。

角度

諸如有氧舞蹈等手腳激烈活動的姿勢，採用側面視角就能一目了然地傳達複雜的動作。

雙手放到頭部後方

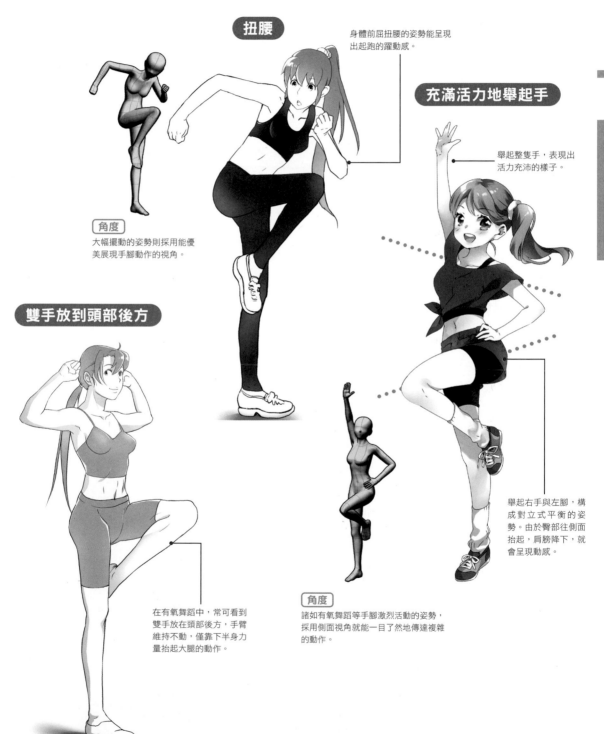

在有氧舞蹈中，常可看到雙手放在頭部後方，手臂維持不動，僅靠下半身力量抬起大腿的動作。

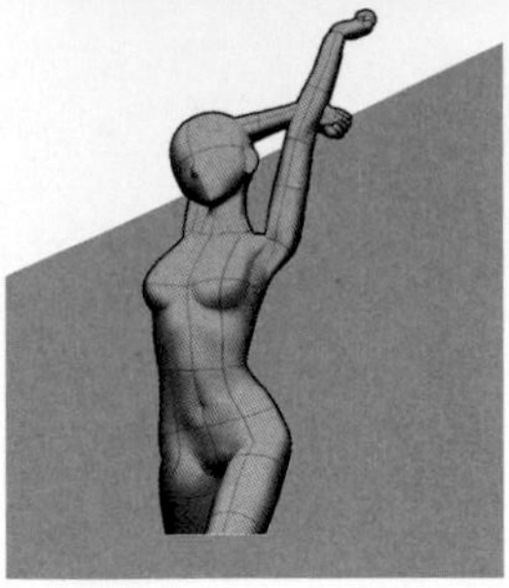

捕捉毫無防備的瞬間

剛睡醒

剛睡醒的姿勢是日常生活的一景，能表現出角色毫無防備的可愛與親近感。不妨採用表示剛睡醒的舉動，像是揉眼睛、打哈欠、流眼淚等。

揉眼睛

頭腦昏沉揉眼睛的舉動，容易讓人聯想到角色剛睡醒。

使肩膀向內、手放進雙腳之間，能增加慵懶的印象。

角度

描繪剛睡醒而揉眼睛等日常生活的舉動時，採用側面視角比較保險。

伸懶腰

因打哈欠而流淚的表現與揉眼睛同樣都能呈現剛睡醒的樣子。

加入伸展身體的動作，就能給人健康的印象。

角度

能優美呈現伸展身體時的胸部及腋下曲線。

抓頭

藉由懶洋洋地放鬆姿勢，表現出全身無力的樣子。

加上抓頭的動作，能增加無精打采的感覺。

Tips 打哈欠的表情

打哈欠的表情為閉著眼睛張大嘴巴。再加點眼淚，看起來會更像打哈欠。

以優雅的動作展現魅力

芭蕾舞

芭蕾舞姿勢會使身體做出大而柔軟的動作，展現身體的美感。踮腳站立的腿部曲線及手臂的華麗動作相當重要，適合手腳修長的角色。

踮起單腳腳尖

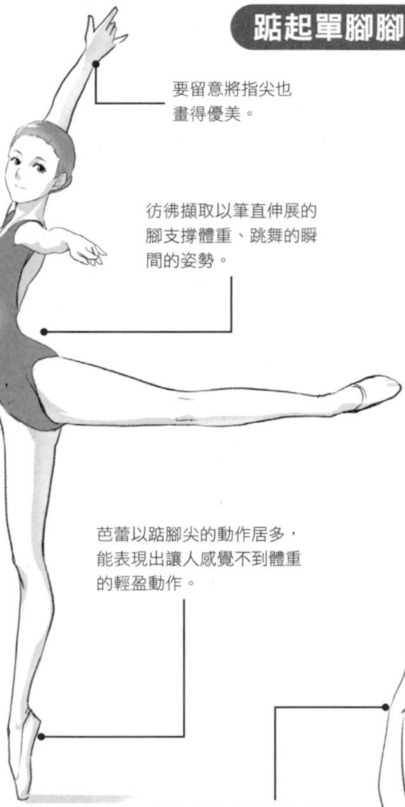

要留意將指尖也畫得優美。

彷彿擷取以筆直伸展的腳支撐體重、跳舞的瞬間的姿勢。

芭蕾以踮腳尖的動作居多，能表現出讓人感覺不到體重的輕盈動作。

角度

為了傳達芭蕾動作的優美，採用讓伸展的手腳更顯華麗的視角。

突顯修長的手腳

將手腳畫得修長就能掌握寬廣的空間，提升華麗度。

角度

這個姿勢也常見於芭蕾舞，最好採用能清楚呈現特徵獨具的手臂形狀的視角。

手向上伸展

手向上伸展的姿勢。視線也跟著向上。

描繪小腿肚時要比畫得一般來得腫脹些，小腿則畫得稍微有些彎度，就能表現出更優美的腿部曲線。

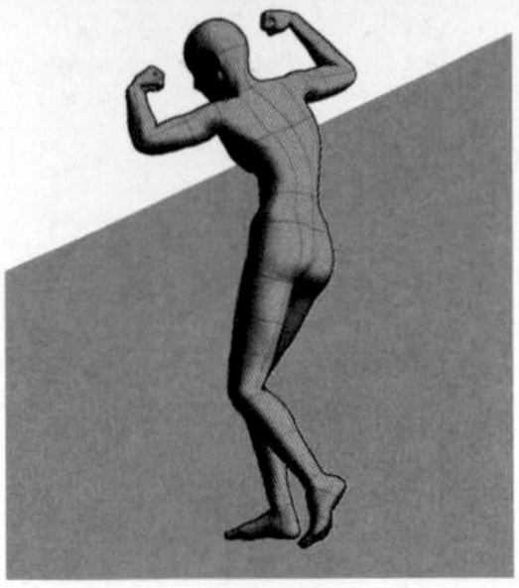

展現強壯的體魄

肌肉

這個姿勢能展現肌肉男角色全身鍛鍊出的結實肌肉與動作，以及青筋暴露、骨骼的凹凸感等。像是彎起手臂讓肌肉使力，展現肌肉的隆起。

展現胸肌

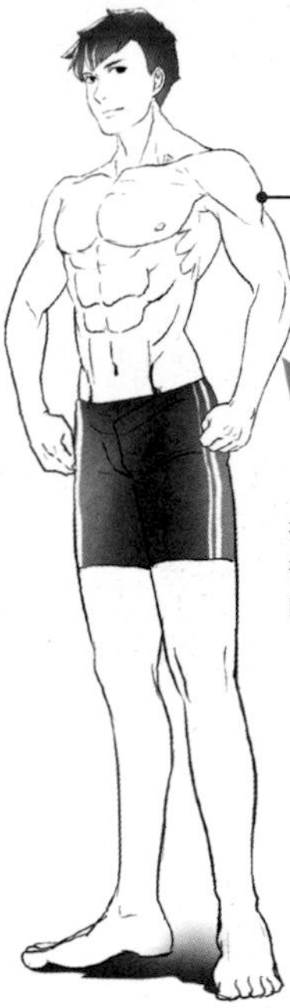

挺起胸膛，強調胸肌的姿勢。
描繪出腋下稍微張開、手臂微彎的樣子，就會呈現強壯的感覺。

展現背肌

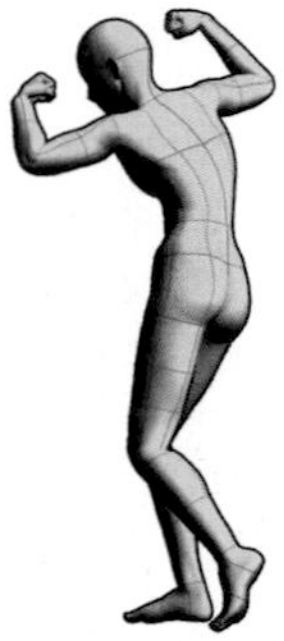

角度

採用後方視角展現鍛鍊過的背肌。

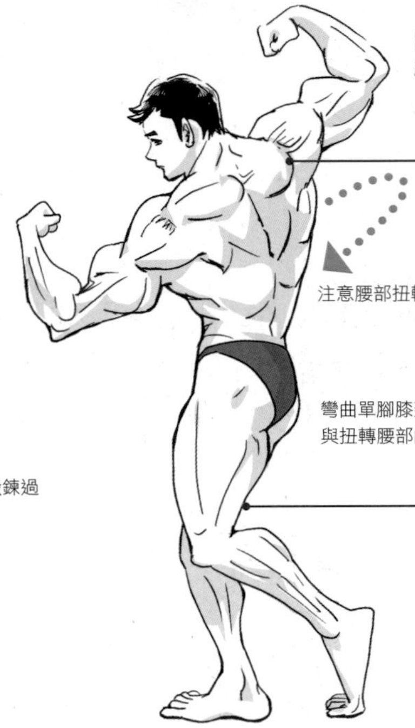

同時展現手臂肌肉與背肌的姿勢。
注意腰部扭轉的方向。
彎曲單腳膝蓋，豎起腳尖，與扭轉腰部的動作連動。

展現手臂肌肉

角度

採用手臂彎曲置於前方的視角強調手臂的肌肉。

剪裁 **展現上半身魅力**

光靠上半身也能傳達出強調肌肉姿勢的氣氛。視構圖而定，也可以剪裁掉下半身。

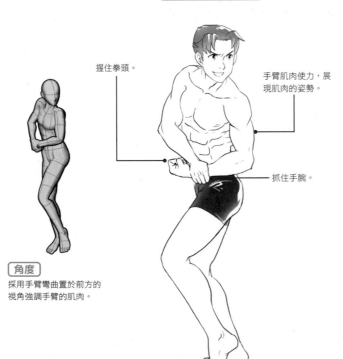

PART

3

使用道具的姿勢

解說與服裝配件等
道具相關的姿勢。

- 眼鏡
- 領帶
- 帽子
- 外套
- 裙子
- 蝴蝶結
- 手套
- 鞋子
- 內褲
- 口紅
- 圍裙
- 書
- 花束
- 手機
- 相機
- 手提包
- 傘
- 學校的課桌椅
- 椅子
- 劍
- 日本刀
- 槍
- 弓
- 長柄武器
- 魔法棒
- 鞭子
- 食物
- 飲料
- 香菸
- 手銬
- 面具
- 擴音器
- 指揮棒
- 耳機
- 吉他與貝斯
- 麥克風

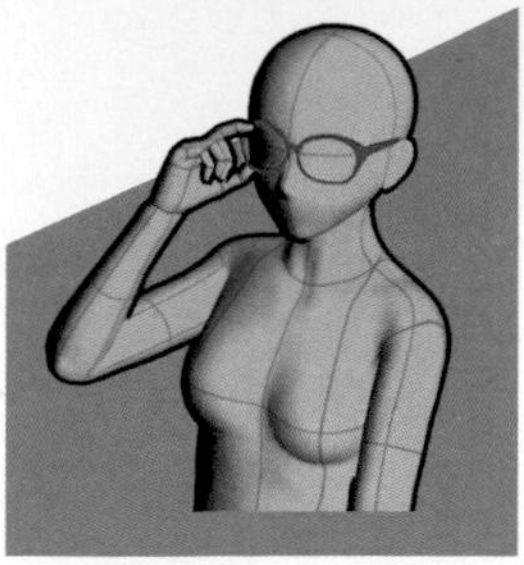

適合知性角色

眼鏡

眼鏡很適合認真或知性形象的角色。可加上觸碰眼鏡或是抓住鏡腳的舉動來增加動感。拿眼鏡時，基本上是使用大拇指與食指。

以大拇指及食指調整眼鏡

以大拇指及食指推眼鏡，調整眼鏡位置的姿勢。

知性形象的角色要端正姿勢。

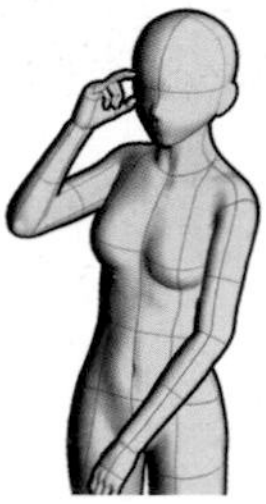

角度

側面視角能清楚呈現眼鏡的形狀。

戴上眼鏡

戴上眼鏡瞬間的姿勢。

能放大呈現抬起手肘戴眼鏡的動作。這種情況，使拿眼鏡的手的掌心朝上會顯得較自然。

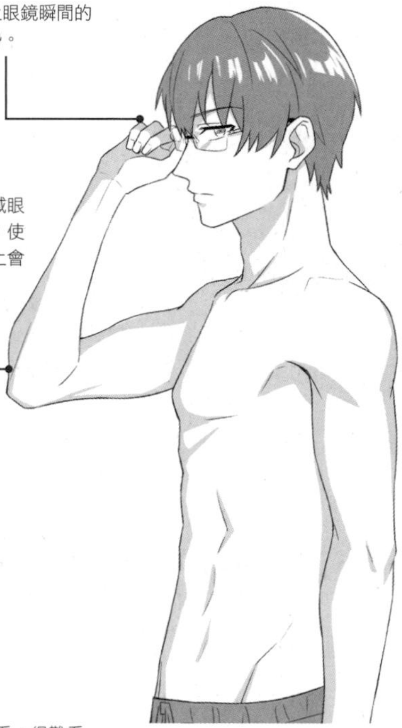

角度

從側面的視角來看，很難看到內側的鏡片。

咬眼鏡

摘下眼鏡，輕咬鏡腳末端的姿勢。常用於思考或是有所企圖時的表現。

視線

視線容易集中在嘴巴，營造性感的氣氛。

剪裁 **展現手部姿勢**

觸碰眼鏡的手部姿勢為關鍵，進行剪裁時，要構成能充分展現手與手臂動作的構圖。

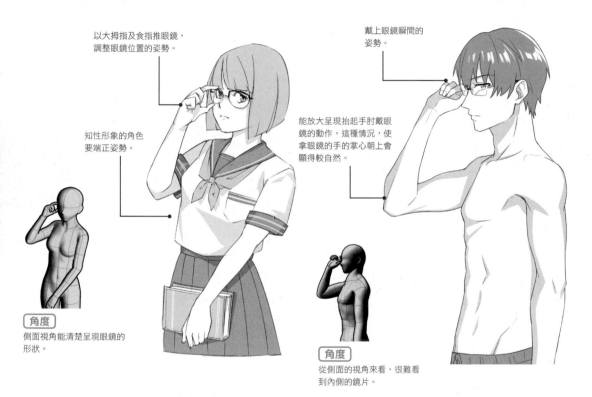

推眼鏡

以食指推眼鏡，調整眼鏡的姿勢。是頭腦型角色的招牌姿勢。

常用於推理等靈光乍現時等的姿勢。

調整眼鏡

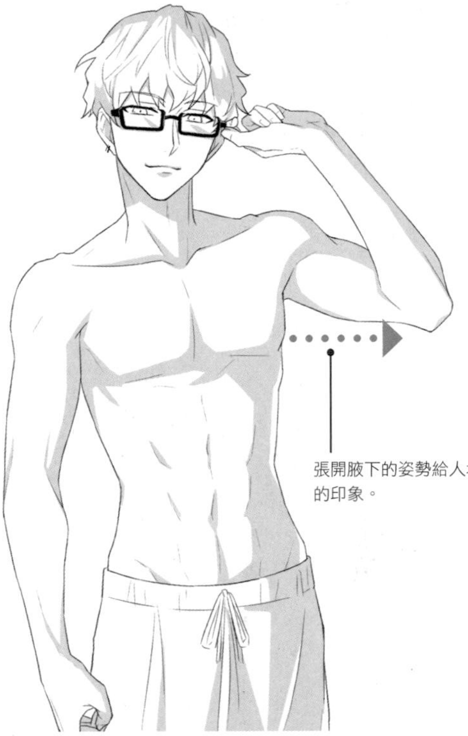

張開腋下的姿勢給人坦蕩的印象。

拿下眼鏡

拿下眼鏡的姿勢。雙手謹慎地拿著眼鏡的樣子，讓角色看起來很有氣質。

以雙手戴上眼鏡

左右相對的手部動作呈現對稱之美，構成帶有緊張感的姿勢。

收緊腋下戴上眼鏡的姿勢，可用來表現氣質文靜的角色。

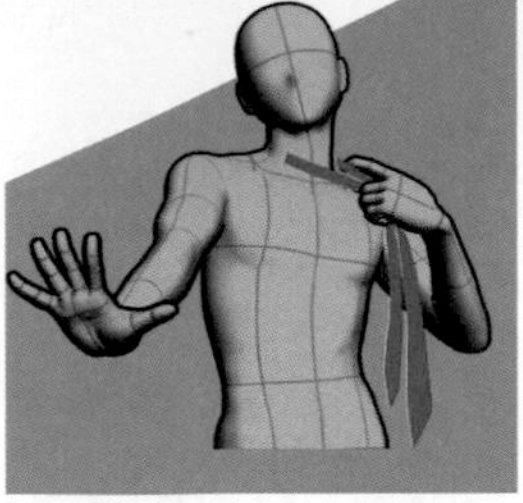

領帶

領帶是紳士正裝的必備配件。藉由鬆開或調整領帶的手部動作及姿勢，能表現出性感或是注重時尚的角色。

繫緊領帶

拉緊領帶時，背部會挺直。

其中一手放在領結附近，就會產生調整領帶形狀的印象。

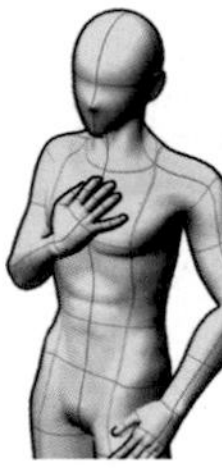

角度

採用側面偏俯角的視角，能讓領帶的形狀更好看。

調整領帶

調整領帶的姿勢能夠表現出在意服裝儀容的角色個性。

以放鬆的站姿呈現若無其事調整領帶的感覺。

鬆開領帶

解開襯衫的鈕扣，展現領帶拉長的部分，能營造出性感氛圍。

食指伸進領結內拉開領帶的姿勢。

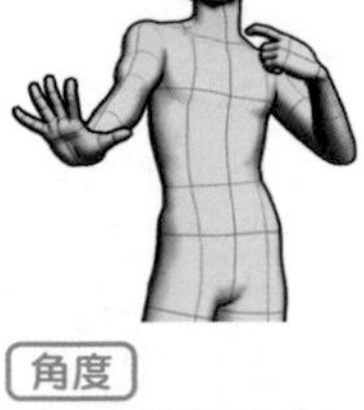

角度

採用正面偏仰角的視角，以清楚展現領帶拉長的部分。

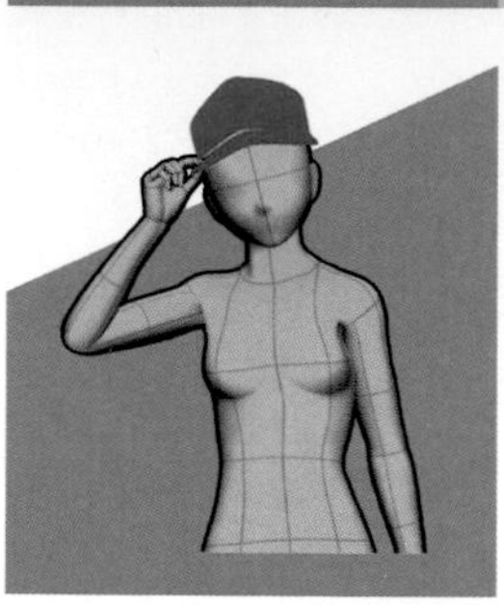

使時尚度提升一個層次

帽子

帽子是能改變臉部印象的配件。使用帽子的動作當中，最經典的就是抓住帽沿的舉動。另外，用手壓住帽子的舉動，能夠呈現被風吹拂的狀況。

抓住帽沿

以食指及大拇指抓住帽沿，給人隨性地打招呼的印象。

頭稍微往抓住帽簷的手那邊彎。

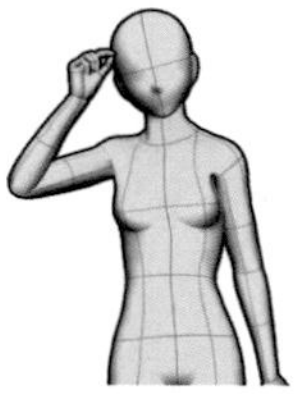

角度

採用身體朝正面的視角，能讓抓住帽簷點頭打招呼的樣子更一目了然。

用雙手壓住帽子

藉由帽沿翻起方式能夠表現風的強度。

帽沿大的帽子容易被風吹跑，適合做出雙手壓住帽子的姿勢。

單手壓住帽子

手繞到頭部後方壓住帽子，以免遮住臉。

沒有壓住帽子的手則插口袋，帶有些許裝模作樣的感覺。

角度

想要呈現帽子的立體感可採用側面視角。本範例的姿勢是藉由別過臉來展現帽子上的蝴蝶結。

Tips 帽子與臉部方向

時尚模特兒常擺出別過頭等姿勢，以展現帽子最好看的形狀。插圖也可以依樣畫葫蘆，只要注意臉部與帽子的方向即可。

帥氣的正裝

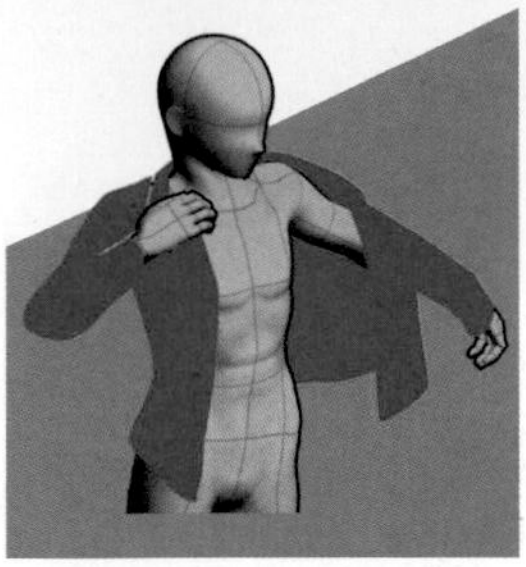

外套

外套為帶有正式感，給人高雅印象的服裝。光是做出穿脫外套的舉動，就能散發出性感氛圍。

脫外套

由於左右兩肩向後彎，呈現出挺起胸部的感覺。

脫外套的舉動醞釀出動真格的氣氛。

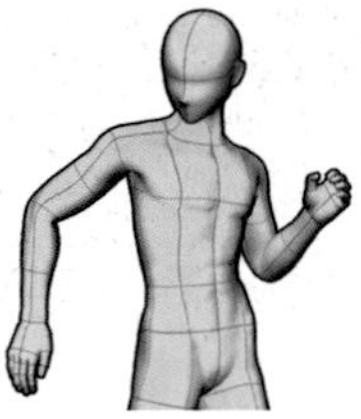

角度

這是會露出平時被外套遮住的肩膀的姿勢，所以採用能看清楚兩肩肩線的視角。

整理衣領

整理衣領的舉動可用來表現對自己的長相有自信或是時尚的角色。

披上外套

右手穿過袖子，外套的右肩部分稍微掀起，呈現正在披上外套的動作。

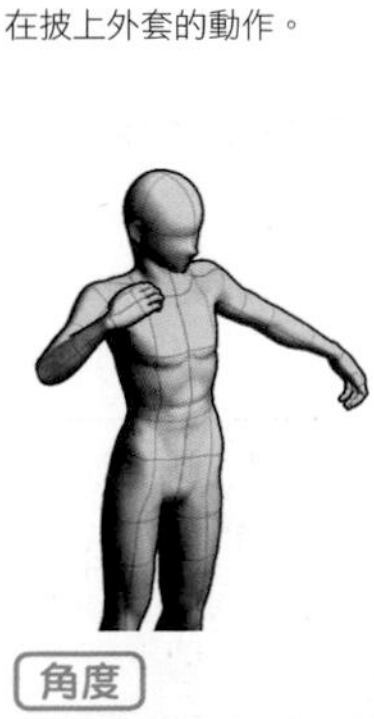

角度

採用略呈俯角的視角，就能立體呈現披上外套的動作。

伸直左臂穿過袖子的部分，呈現出布料稍微過長的樣子。

拎著外套

拎著西裝外套的姿勢呈現出狂野的氣質。

捲起襯衫的袖口，就會露出平時鮮少看到的手臂內側。由於強調了手臂肌肉，建議在想營造性感氛圍時使用。

單手拿外套

將西裝外套掛在單手上的姿勢。插口袋時手肘會向外突出，呈現坦蕩的印象。

鬆開領帶，營造出下班的氣氛。

調整外套

抓住衣領的舉動能使人感覺到正在整理儀容、準備展開新行動的動感。

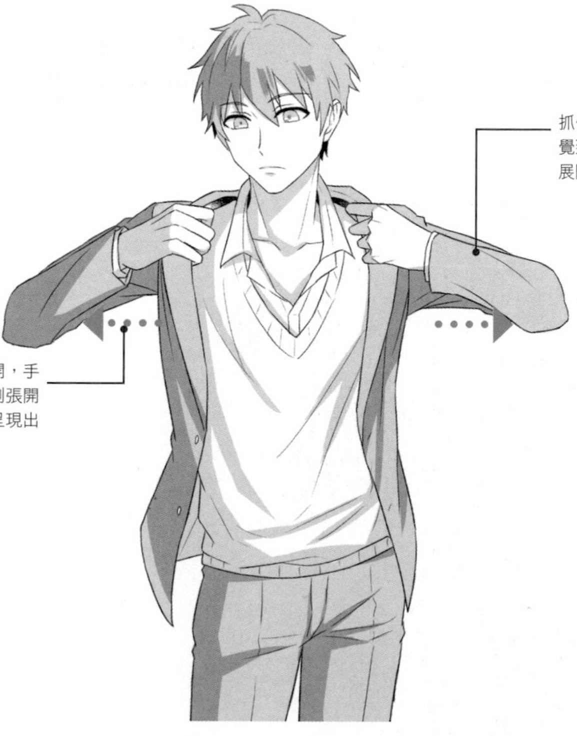

藉由兩腋張開，手肘向左右兩側張開的大動作，呈現出動感。

剪裁 調整衣領採用胸上鏡頭

不需將外套完全框進畫面中，只要採用包含衣領一帶的胸上鏡頭，就能夠表現調整外套衣領的姿勢。

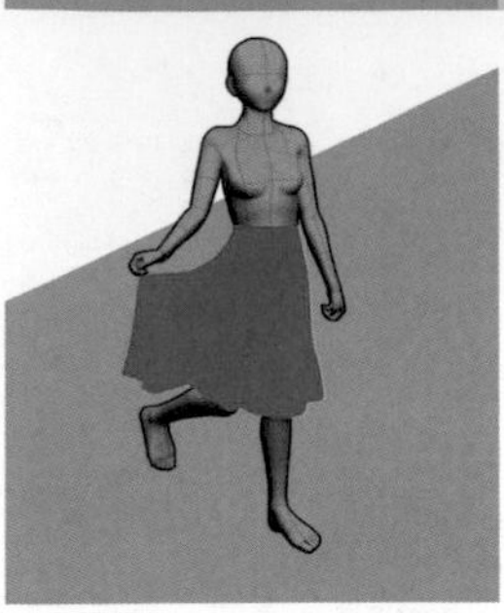

裙襬可愛地飄動

裙子

裙子是女孩的象徵，也是能引出可愛感的配件。替裙子增添動感，像是配合角色的動作張開或是隨風飄動等，如此就能打造變化多端的姿勢。

奔跑的女孩

女孩活動身體，使裙擺搖曳的姿勢。

扭轉腰部，呈現出躍動感。

想表現裙擺的輕柔感時，不妨想像裙子內裝入空氣的樣子。

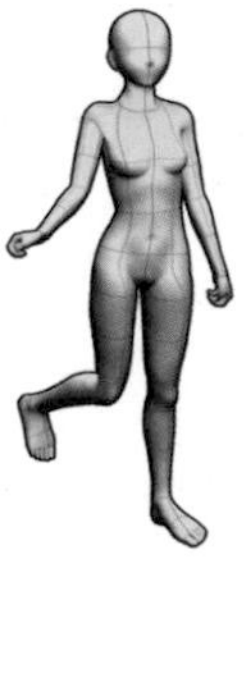

角度

採用拉起裙擺側的斜向視角，就能清楚呈現被拉起的裙子形狀。

壓住裙子

裙子被風吹起，為避免走光而用手壓住裙子的姿勢。

讓角色邊走邊壓裙子，就會充滿臨場感。

角度

採用從後方的視角，呈現壓住裙子的手及回過頭的臉部表情。

單手拉起裙擺

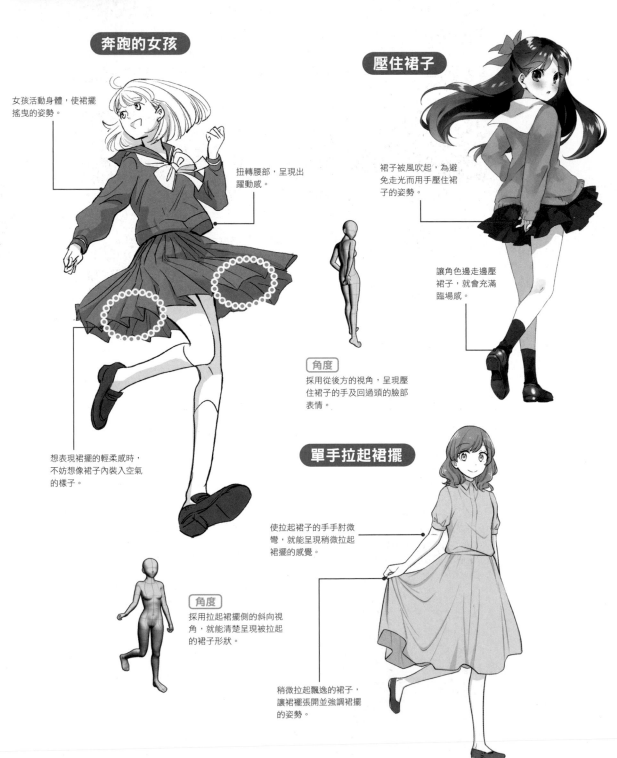

使拉起裙子的手手肘微彎，就能呈現稍微拉起裙擺的感覺。

稍微拉起飄逸的裙子，讓裙襬張開並強調裙擺的姿勢。

雙手拉起裙擺

用雙手拉起裙擺的姿勢。能藉由可愛的舉動拉開並強調裙擺。

上半身稍微側彎，就能讓角色散發開朗好親近的氣氛。

擰乾濕透的裙子

用手抓住裙子用力擰乾的姿勢。能讓人想像到角色剛才正穿著制服玩水，表現出青春的愉快氣氛。

單腳抬起就能產生動感。

雙手壓住裙子

裙子被從正下方往上吹的風吹得往上翻，連忙用兩手壓住裙子的姿勢。

兩腳呈內八字，就會給人害羞地壓住裙子的印象。

剪裁 **稍微露出腿部**

想要強調裙子，可盡量露出裙下的腿部，如果需要進行剪裁，最好從小腿或是膝蓋稍微上方處裁切。

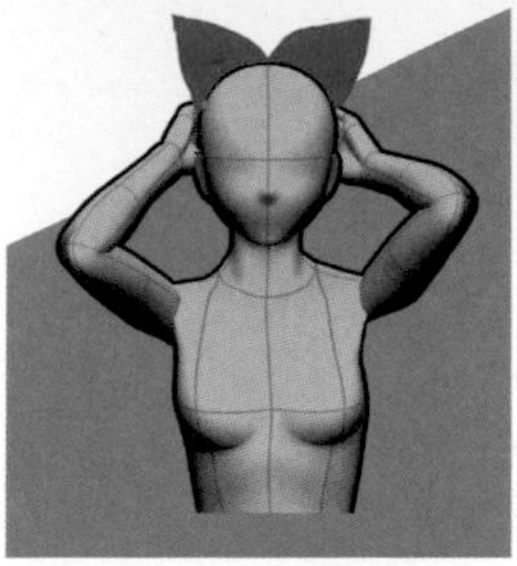

可愛女孩的裝飾

蝴蝶結

角色戴上蝴蝶結容易給人稚氣的印象。尤其是戴的蝴蝶結愈大，愈能增添少女氣息。由於蝴蝶結本身就是可愛的配件，適合搭配可愛的姿勢。

替頭髮綁蝴蝶結

替其中一邊的雙馬尾綁蝴蝶結的姿勢。採用手不會遮住臉的視角與動作。

由於手臂舉起，制服也跟著被往上拉，稍微露出肚子。散發出只顧綁蝴蝶結，卻沒發現肚子露出的純真氣息。

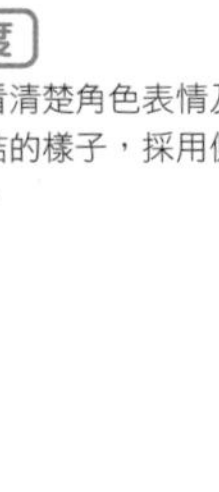

角度

為了看清楚角色表情及綁蝴蝶結的樣子，採用側面視角。

調整頭上的蝴蝶結

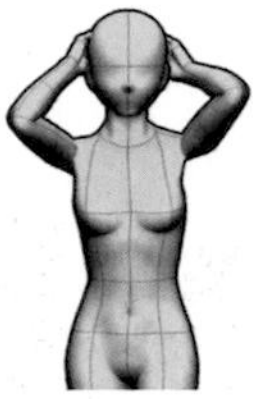

角度

想呈現對稱之美，最好採用正面視角。

舉起雙手調整大蝴蝶結左右平衡的姿勢。手臂及手肘的位置、手部舉動等最好與蝴蝶結一樣也接近對稱，較有一致性。

繫胸前的蝴蝶結

臉上露出些許不滿的表情，表現出繫不好蝴蝶結而傷腦筋的樣子。

雙手拿著胸前蝴蝶結兩端的姿勢。蝴蝶結是公主這類角色的禮服固定配件。

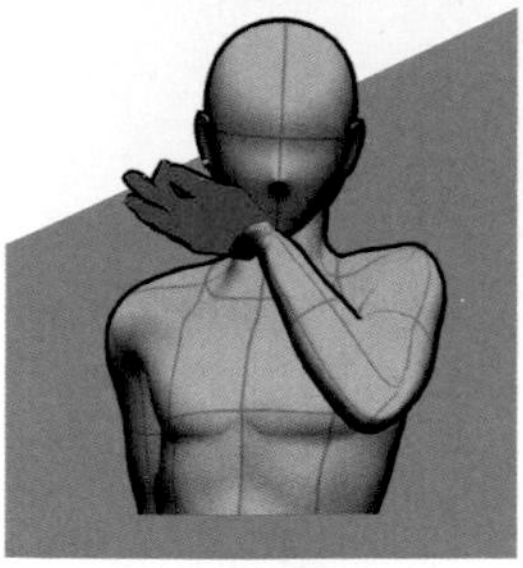

藉由脫掉手套的舉動展現性感

手套

藉由「戴」或「脫」手套的舉動，能增強手套的存在感。尤其是「脫」手套的舉動，可說是容易展現角色的性感或狂野氣息的姿勢。

用嘴巴從手腕脫手套

用嘴巴銜住手套的手腕處，脫掉手套。比起銜住指尖處，銜住手腕處更能給人狂野性感的印象。

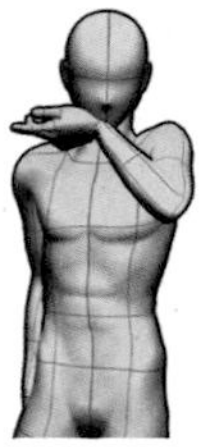

角度

最好採用能看清楚用嘴巴脫手套的視角。

戴上手套

視線向側邊看，給人正在思考下一個行動的感覺。

手套這種配件大多在著裝的最後才戴上，因此戴上手套的舉動蘊含著一切準備就緒，邁向下一步的印象。

用嘴巴從指尖脫手套

用嘴巴銜住手套的指尖處脫手套的姿勢。由於指尖很細，嘴巴銜住指尖處時也不能張太開，能給人高雅中略帶性感的印象。

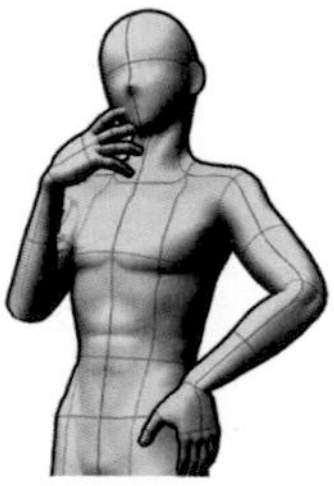

角度

透過側面視角及側身的姿勢，能讓斜眼看人的表情呈現冷酷的氛圍。

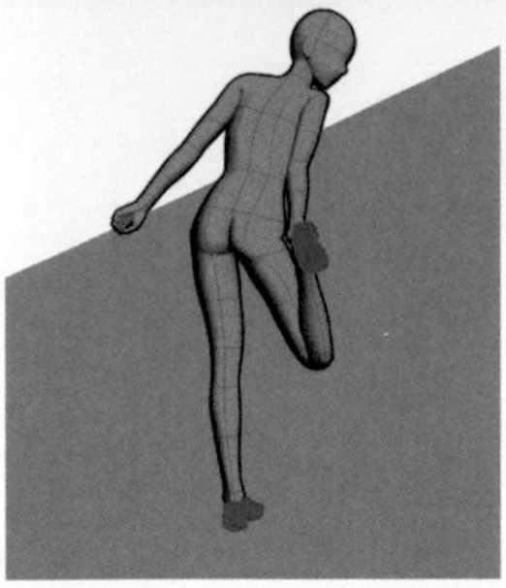

裝飾雙腳的配件

鞋子

若想突顯鞋子，最基本的姿勢就是穿鞋子。雖是常見的舉動，卻因為會動用全身肢體，具有容易讓插圖充滿動感的優點。若是鞋帶式的鞋子，也可以加入綁鞋帶的動作。

可愛地穿鞋子

手微微上舉以維持平衡。在手指姿勢稍微下點工夫，像是讓小指微微翹起等，就能呈現可愛感。

角色的視線看著鞋子。

膝蓋往前並彎曲。

身體側彎構成自然的姿勢

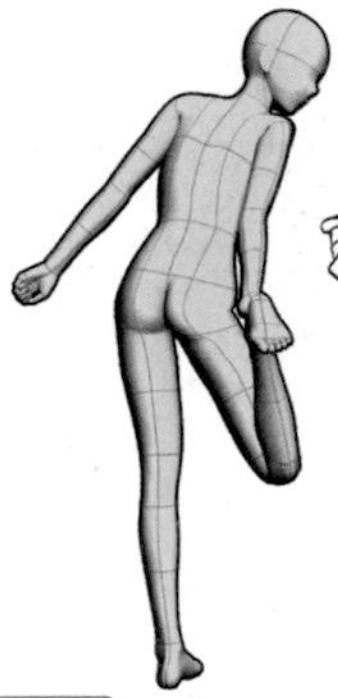

身體稍微側彎，手自然就能碰到鞋子。

另一手伸直以維持平衡。

角度

這個視角可看清楚回過頭的臉，能加深表情給人的印象。

綁鞋帶

蜷著身體，形成容易綁鞋帶的姿勢。受到手臂的牽引，使肩膀微微垂下。

角度

採用低角度的視角，就能清楚呈現綁鞋帶的手部模樣。

視線看著綁鞋帶的手指，就能加強鞋子的印象。想要強調鞋子時可以使用這個姿勢。

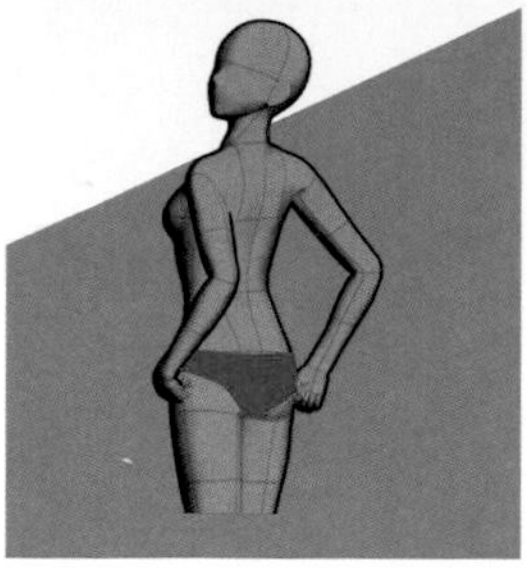

用手指調整內褲為基本姿勢

內褲

內褲是指泳裝及內衣當中下半身所穿的衣物。基本姿勢為用手指拉臀部的布料來調整內褲。若想突顯內褲本身，可採用仰角加以強調。

調整卡臀

角色的視線朝著臀部方向。

調整內褲的姿勢，描繪出雙手做出左右對稱的動作。

用手指抓住並拉出布料，調整卡臀。

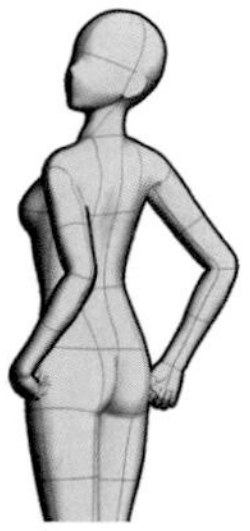

角度

採用從後方看的視角就能看到繞到後方的左右兩手，調整內褲的樣子也一目了然。

穿內褲

抓住內褲的兩端往上拉的姿勢。

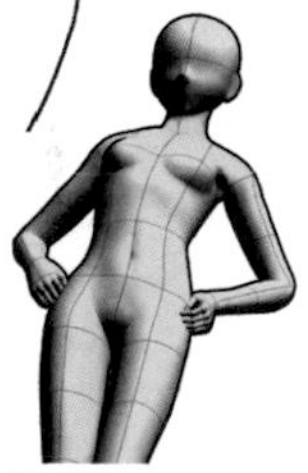

角度

仰角視角能強調內褲。

調整內褲

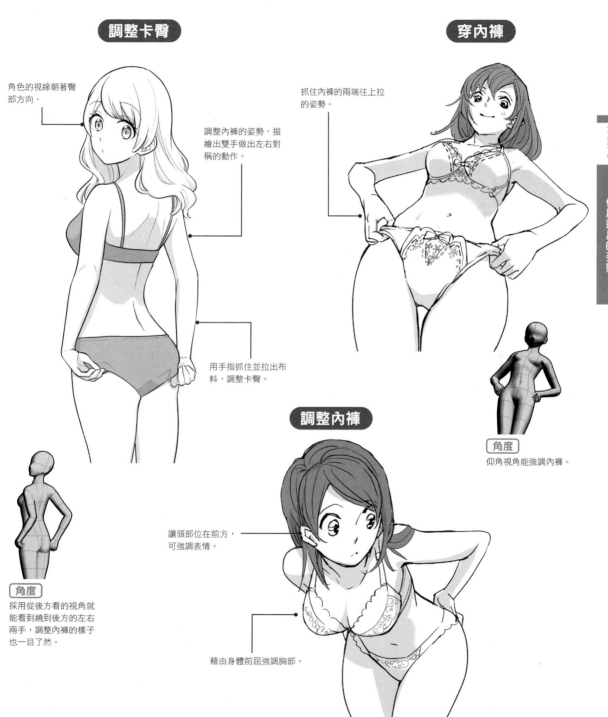

讓頭部位在前方，可強調表情。

藉由身體前屈強調胸部。

小動作呈現性感

口紅

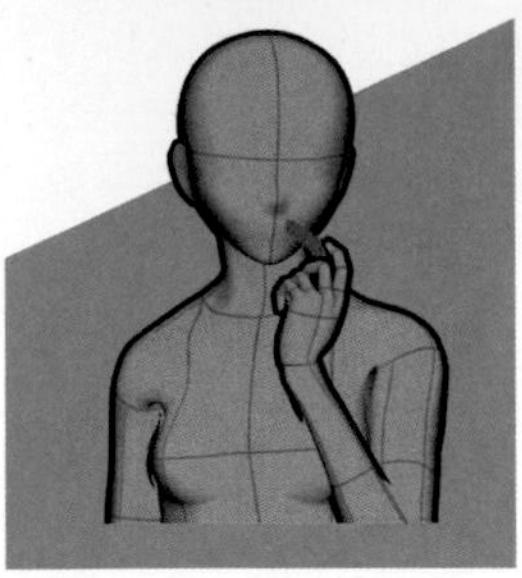

塗口紅的姿勢能使視線集中在嘴唇上。光是張口的方式就能大幅改變印象，描繪時必須注意。另外，不使用唇棒或唇刷，直接用手指沾唇膏，也可當作塗口紅的一種變化。

塗口紅

嘴巴微張能散發性感氣息。

頭部自然側彎，以便塗口紅。

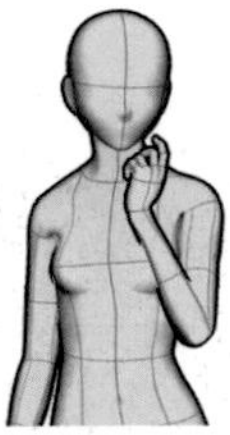

角度

採用讓口紅、塗口紅的嘴唇及活動的指尖顯得更美的視角。

以手指塗口紅

重塗或是以暈染方式塗口紅時，以小指做出塗口紅的動作就會變得性感。

展現側臉

視線注視著鏡子。

若是在鏡子前塗口紅的姿勢，最好挺直背部。因為人站在鏡子前就會端正姿勢。

角度

側面視角能一目了然地呈現口紅接觸嘴唇的樣子。

剪裁 **光靠嘴部也能夠傳達**

藉由手指的動作等，能使塗口紅的姿勢展現性感，即使經過大膽剪裁、放大特寫嘴部畫面，也能傳達該姿勢的魅力。

呈現居家感的服裝

圍裙

圍裙是種家庭感印象強烈的服裝。讓角色穿上圍裙，就能強調親和力與溫暖氣氛。加上插口袋或繫蝴蝶結的動作，更能強調圍裙。

手插口袋

手伸進圍裙所附口袋內的姿勢。由於口袋附在前方，因此以手背在前的方式描繪伸進口袋的手。

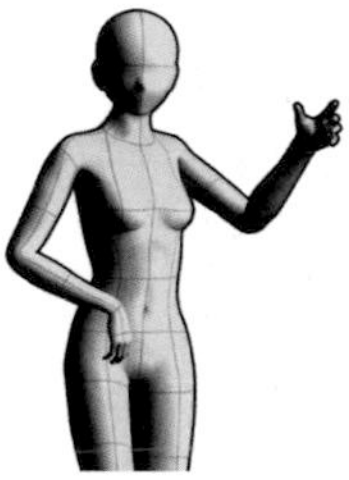

角度

側面視角能清楚呈現被圍裙包住的身體線條。

穿圍裙做料理

穿圍裙做料理的姿勢能動用全身上下來呈現動感，像是身體微微後仰或膝蓋微彎等。

身體微微後仰。

膝蓋微彎。

打蝴蝶結

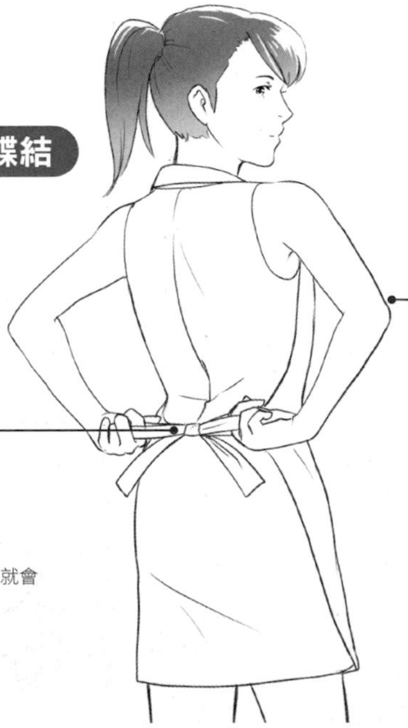

手肘張開能表現出拉緊蝴蝶結的樣子。

背部挺直，姿勢端正，就會呈現出凜然的氣氛。

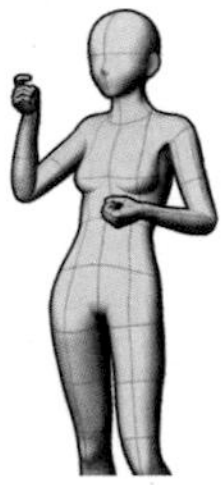

角度

在上圖般做料理時的插圖中，採用仰角能突顯平底鍋，俯角則能突顯平底鍋內的食材。這裡想展現圍裙，因此採用與角色視線同高的視角。

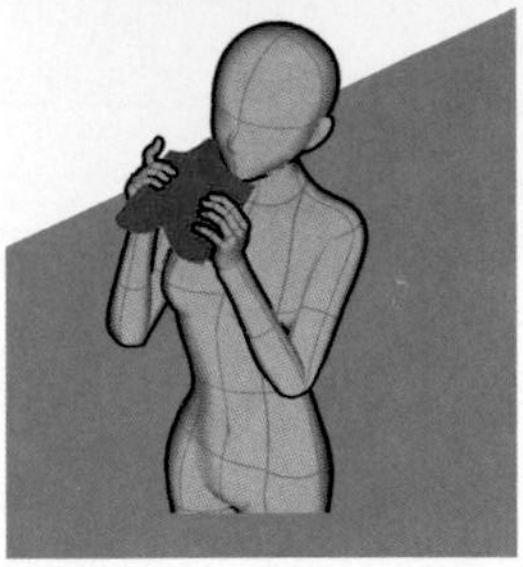

呈現認真聰明的印象

書

書能強調角色的認真聰明，是適合模範生型角色的配件。描繪時，注意書的尺寸會隨著精裝書、文庫本、漫畫等書籍種類的不同而改變。

抱著書本

雙手珍惜地抱住書本的姿勢，給人認真可愛的印象。

將書抱在胸前。

角度

採用側面視角，能一目了然地傳達雙手抱書的模樣。

將書本靠近臉

將書本靠近臉旁就會變成可愛的姿勢。

手拿小本的書，就會減少書本遮住角色的部分。

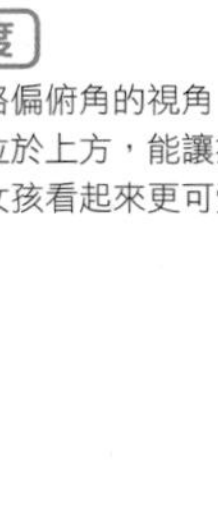

角度

採用略偏俯角的視角，使對焦點位於上方，能讓抬眼凝視的女孩看起來更可愛。

坐著閱讀

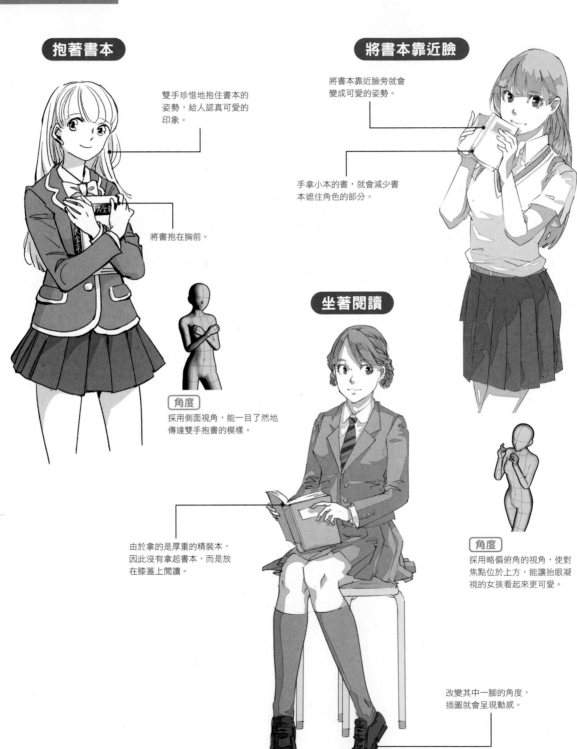

由於拿的是厚重的精裝本，因此沒有拿起書本，而是放在膝蓋上閱讀。

改變其中一腳的角度，插圖就會呈現動感。

替畫面增添華麗感

花束

花是只要出現在畫面中就能替插圖錦上添花的配件。透過讓角色拿著花束等，將花放在身旁，角色也會變得引人注目。尤其是將花放在臉旁，更能強調臉蛋的美貌。

拿在臉旁

將花放在臉旁，有如花在臉旁綻放般。

拿著小花束的手不要握太緊，呈現出珍視的樣子。

抱著大把花束

使花束靠近臉旁，能加強表情的印象。

手上抱著大把花束的姿勢，能營造出華麗感與祝賀的氣氛。

角度

為了突顯側身的角色手上抱的花，採用讓花位在正面的視角。

藏在身後拿著

身體前屈，悄悄接近的姿勢。能從中感覺到為了給對方驚喜而送花的故事性。

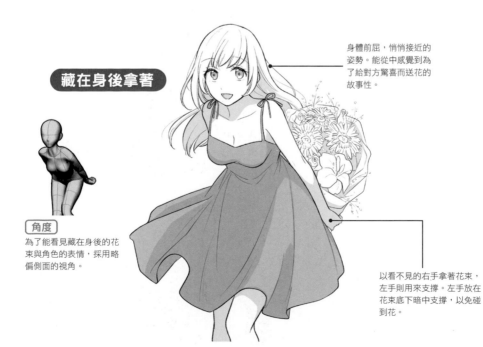

角度

為了能看見藏在身後的花束與角色的表情，採用略偏側面的視角。

以看不見的右手拿著花束，左手則用來支撐。左手放在花束底下暗中支撐，以免碰到花。

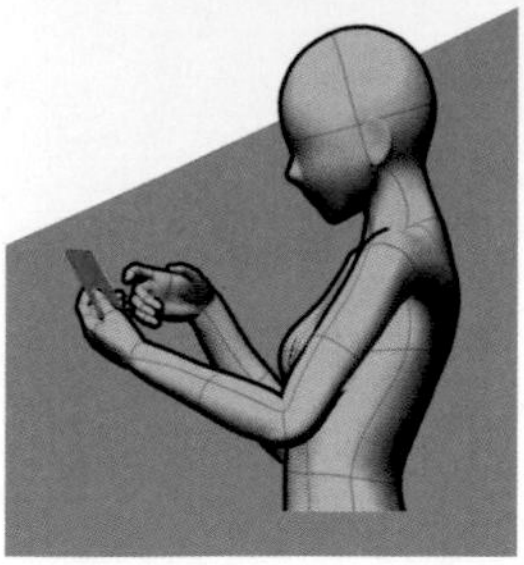

現代人不可或缺的工具

手機

手機是現代人的貼身工具，能加強日常生活的印象。如果慣用手為右手，由於是用右手操作，基本上是以左手拿手機，做自拍姿勢時則改成用慣用手拿。

操作手機

操作手機時，食指指尖自然彎曲。

採用以食指及大拇指夾住手機，其他手指與手掌支撐的拿法。若是手比較大、手機較小，則以單手操作居多。

角度

側面視角容易構成說明性構圖，適合調查資訊的氣氛。

趴著看手機

趴著看手機的姿勢。由於上半身稍微起身，腰部後仰。

腳稍微抬起，呈現出動感。

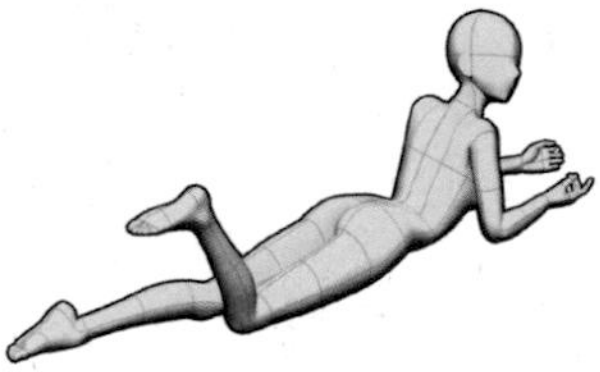

角度

視角在角色背後的構圖能讓人看到手機畫面，因此能加強手機的印象。

自拍

一手拿手機自拍，另一手則擺出可愛的姿勢。

由於以指尖拿手機，手機與手指之間會留有空間。

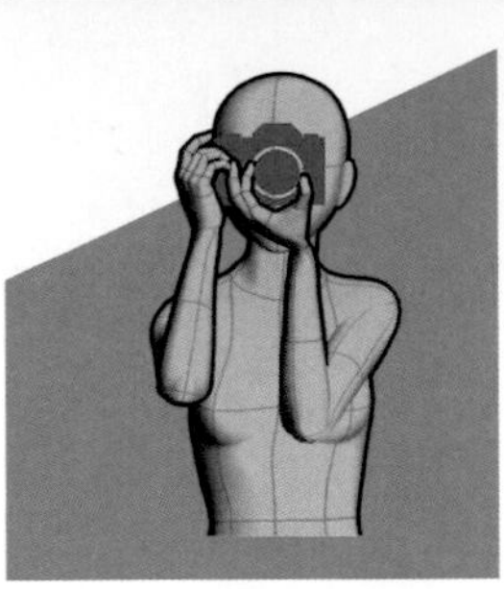

角色的另一隻眼

相機

插圖中所描繪的相機以單眼相機居多。單眼相機價格昂貴且沉重，必須用雙手拿。攝影的姿勢，是以一手從下方托住變焦鏡頭的方式拿相機。

拿起相機

藉由食指按下快門來呈現動感。

拿起相機的姿勢能讓讀者的注意力聚焦在透過相機看到的視線另一端。

食指與大拇指夾住變焦鏡頭，用手掌來支撐。

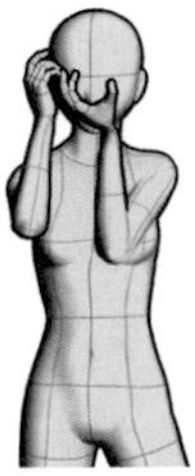

角度

以正面視角描繪拿相機的姿勢，能讓相機鏡頭更令人印象深刻。

尋找拍攝對象

藉由視線徘徊不定，呈現出尋找拍攝對象的舉動。

單眼相機基本上是用雙手拿。

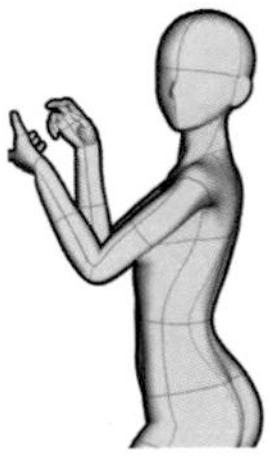

角度

以範例的姿勢為例，採用側面視角能讓相機與角色並列在一塊，形成兩者各自朝不同方向看的構圖。

手拿相機回頭看

藉由拉高相機位置到臉部的高度，營造出在攝影時回頭看的場面。

手拿相機回頭看的姿勢。用左手支撐相機。

Tips 在插圖中呈現密度

相機是擁有許多精細零件的道具，在特寫鏡頭中也要呈現出密度。

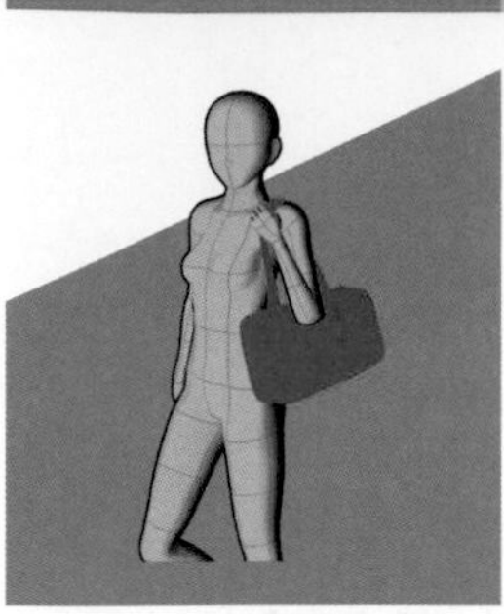

有各式各樣的拿法

手提包

隨著上學、旅行、逛街等情境的不同，使用的手提包也會改變。而手提包的合適拿法也會根據種類而有所不同。思考看看能運用各種手提包拿法的姿勢吧。

肩背書包

波士頓包型的書包常採用肩背的方式。

食指抬得比其他手指高，使手部姿勢呈現表情。

角度

若想突顯手提包，可將對焦點放在背書包側。採用側面視角，就能一目了然地傳達書包及提把的形狀。

背雙肩背包

雙手分別握住左右兩邊的背帶，就變成使人產生孩子氣印象的可愛姿勢。

手腕彎曲較容易呈現握緊背帶的樣子。

坐在行李箱上

大型行李箱為方便人坐在上頭的道具，也能營造出旅行的印象。

角度

採用俯瞰視角，坐在行李箱的樣子就能一目了然。

手拿單肩包

空著的手放鬆無力地垂下。

肩背單肩包時，手握住背帶下方也是基本拿法之一。

拎書包

拎書包也是基本姿勢。

掌心向上。

腋下稍微空出空間，姿勢顯得較自然。

手提購物袋

手臂上掛著許多購物袋。購物袋的底部較寬，因此畫成愈往下愈寬的扇形。

以踏舞步般的腿部姿勢呈現出購物的愉快氣氛。

提皮箱

描繪角色提著沉重到得用雙手提的手提包時，要使手臂伸直。

靜靜地為人擋風遮雨

傘

出現在插畫中的雨大多用作「淚水」或「悲傷」的比喻，因此撐傘姿勢具備容易呈現悲傷氣氛的性質。相反地，收起傘的插圖則呈現出積極向前的氣氛。

確認下雨

視線凝視著虛空。

伸手確認是否下雨。這個姿勢能讓讀者的視線集中在伸出的手上。

角度

採用側面視角，能突顯確認下雨的手。

收起雨傘漫步

拿著收好的雨傘的姿勢，讓人聯想到雨後天晴的場面，呈現出積極向前的氣氛。

藉由避開水窪走路的舉動表現愉快的心情。

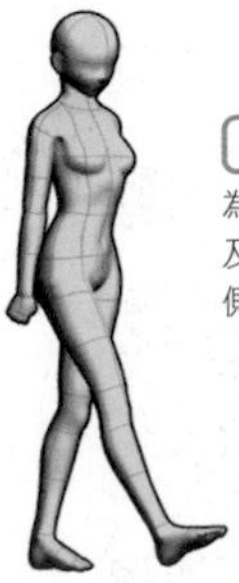

角度

為了看清楚向前踏出的腳及背後所拿的傘，採用從側面看的視角。

雙手撐傘

雙手撐傘會形成保護身體的姿勢，能表現出不安與擔心。

抑制動作的姿勢給人安靜的印象。

撐著傘回頭看

撐著傘回過頭的姿勢。以內側的手撐傘，傘的花色最好避免與角色重複。

手腳動作變小，以免超出雨傘保護的區域。

呈現傘骨

呈現傘的內側時要描繪傘骨。傘骨通常以8根最常見，也有傘骨超過16根以上的款式。

Tips 傘幅長度

了解傘的尺寸，避免傘的大小與角色的比例失衡很重要。打開傘時，一般傘幅約為80公分～100公分。

撐傘蹲下

傘稍微往後傾，以免遮住臉。將傘柄靠在肩上，撐傘會比較穩定。

容易將傘與全身框進畫面的姿勢。

由於傘的重量壓在肩上，撐傘的手放鬆握住傘柄，沒有使力。

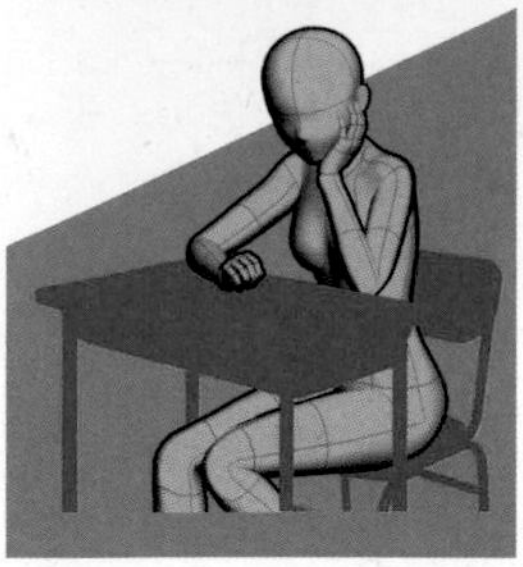

出現在校園生活的場面

學校的課桌椅

學校的日常生活是插圖常描繪的場景。描繪教室景象時，少不了課桌椅。不用拘泥端正的坐姿，可配合情境與角色的特性來決定姿勢。

手肘撐頭

課桌高度約與腹部同高。

手肘靠在桌上，擺出輕鬆的姿勢。

角度

插圖採用略偏俯角的視角，就能清楚看見桌面。

側向坐

側向坐在椅子上的姿勢。手肘則靠在椅背上。

兩膝併攏較有女孩子氣。

趴在桌上

以平緩的曲線描繪彎曲的腰部。

頭及手臂的重量由桌面，身體則由椅子來支撐。

腳底靠在桌腳上。

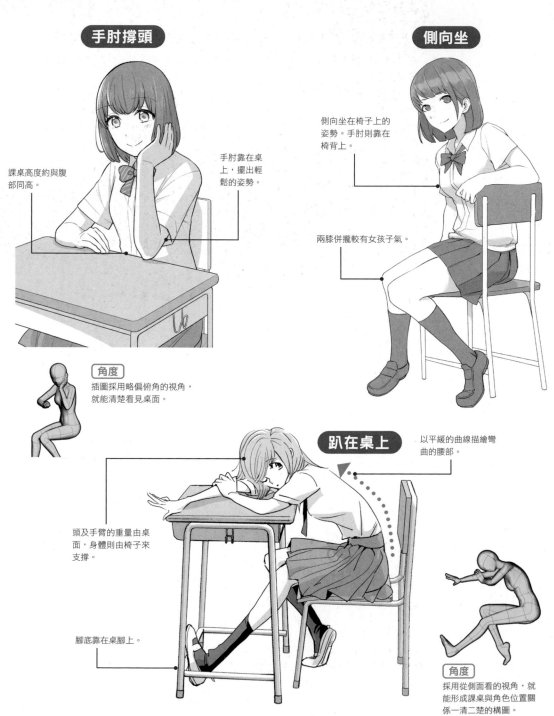

角度

採用從側面看的視角，就能形成課桌與角色位置關係一清二楚的構圖。

反過來坐

將椅子反過來坐的角色，
會給人活潑的印象。

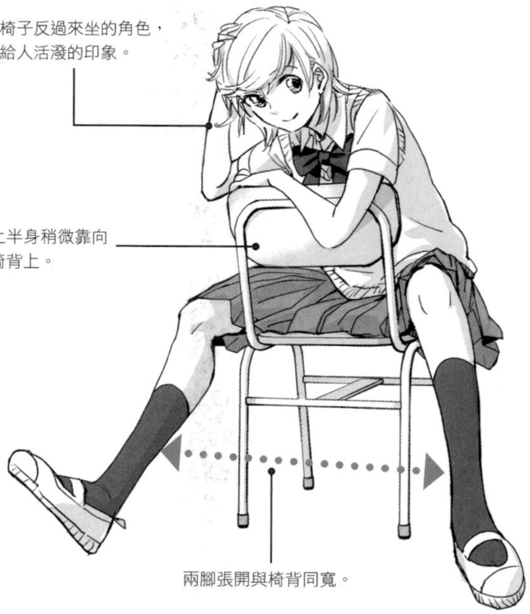

上半身稍微靠向
椅背上。

兩腳張開與椅背同寬。

自然地坐著

坐在像學校課椅這種沒
有扶手的椅子時，手放
在腳上會比較輕鬆。

坐在桌子上

坐在學校課桌上的姿
勢，給人自由奔放的
印象。

手指放在桌面邊端。

使腳前後晃動，
呈現出動感。

Tips 桌角為圓角

基於安全上的考量，學校課桌的桌面皆為圓角。

可愛地坐著

使手往側面擺，就會呈現可愛感。
以雙手輕輕支撐身體。收起腋下，縮小動作，就會變成可愛的姿勢。
坐在桌面前端。

吃便當

吃便當的姿勢。能讓人想像到到因午休時座位被人坐走，只好坐在課桌上的情境。

以手臂為枕

以手臂為枕，將頭靠在手臂上的姿勢。
手臂伸直時，手腕以前的部分就會超出桌面。

Tips 課桌桌面大小

要掌握好桌子的尺寸，與角色搭配時注意要避免產生突兀感。以學校課桌為例，通常桌面寬65公分，深45公分。

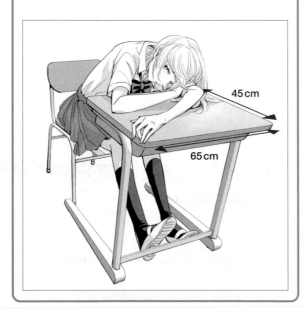

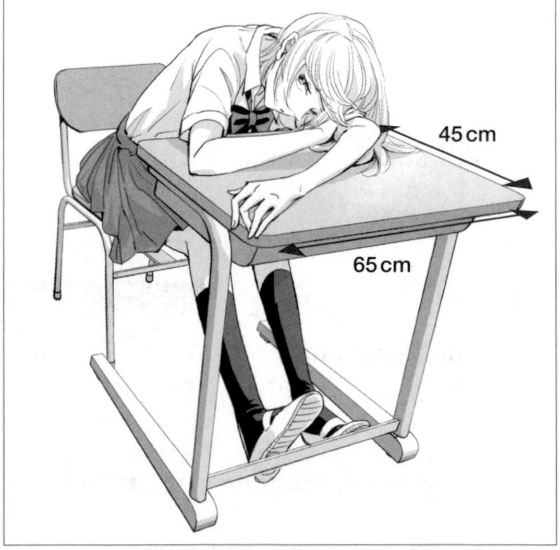

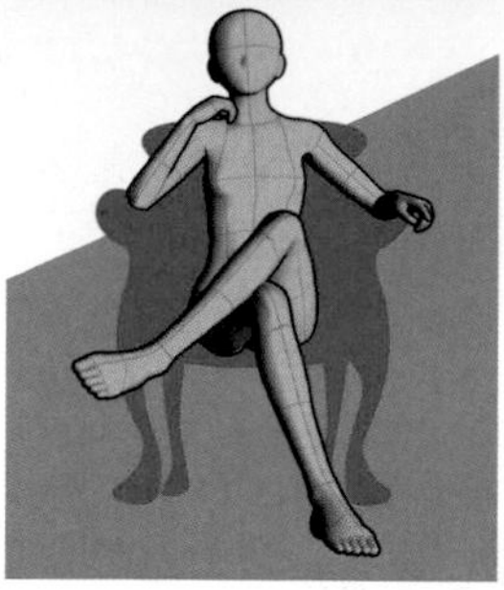

從寶座到沙發

椅子

想加強放鬆的印象時，可讓角色的背靠在椅背上，手及手肘則放在扶手上。椅背與扶手等的形狀及寬度等，也會隨椅子的不同而變化。

充滿威嚴地坐著

翹腳坐在宛如寶座的高級椅子上，會給人身分高貴的印象。

角度

仰角視角能放大坐著的角色，產生威壓感。

坐著思考

椅子坐得較深時，背部會靠在椅背上。

雙手抱胸而坐的姿勢能表現正在思考的樣子。

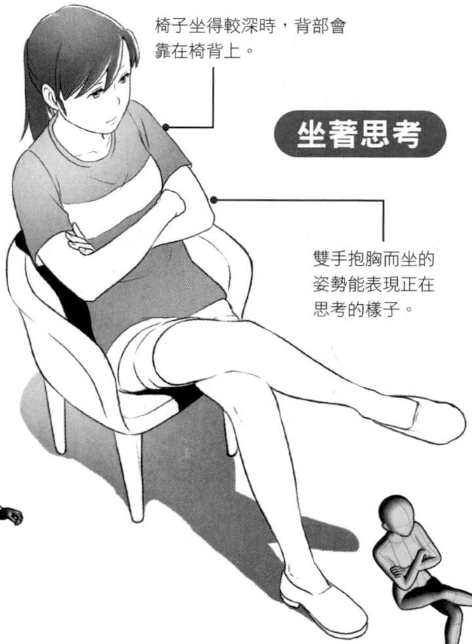

角度

俯瞰視角雖不像仰角般能呈現魄力，卻能讓全身姿勢的模樣一目了然，呈現明快的構圖。

趴在沙發上

沙發常用在趴著放鬆的場面。

在沙發上休息

座椅是沙發的話，可以坐在沙發的一端伸長腿部，這樣構圖會比較穩定。

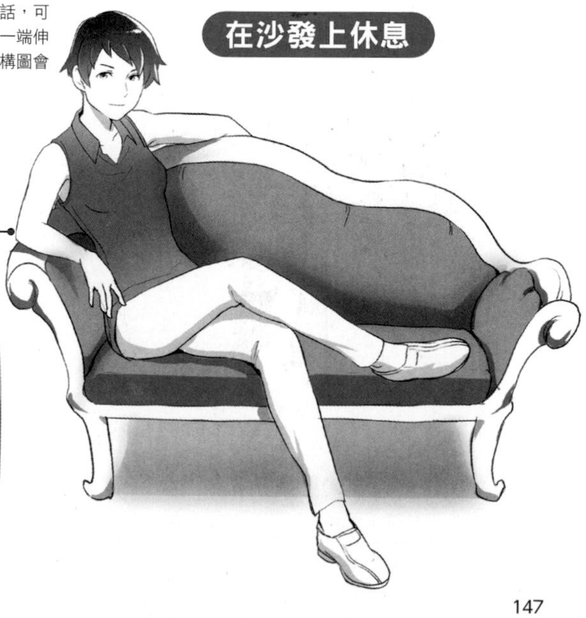

最主流的手持武器

劍

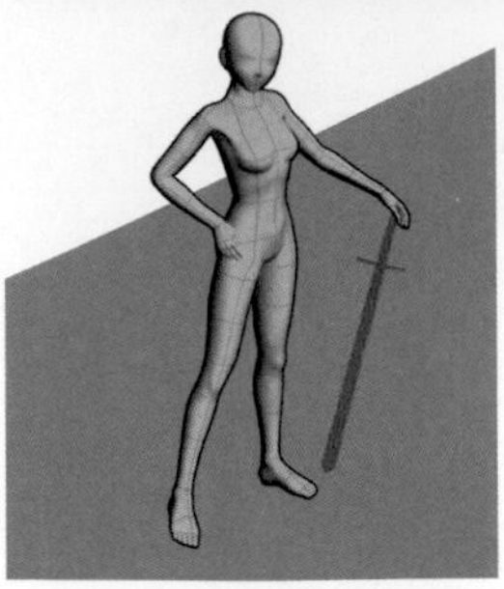

劍是能將勇猛的角色襯托得更帥氣的道具。配合劍的種類及角色的性質，再決定姿勢。比方說，重型劍基本上是雙手持劍，不過怪力型角色也可以單手持劍。

平舉持劍

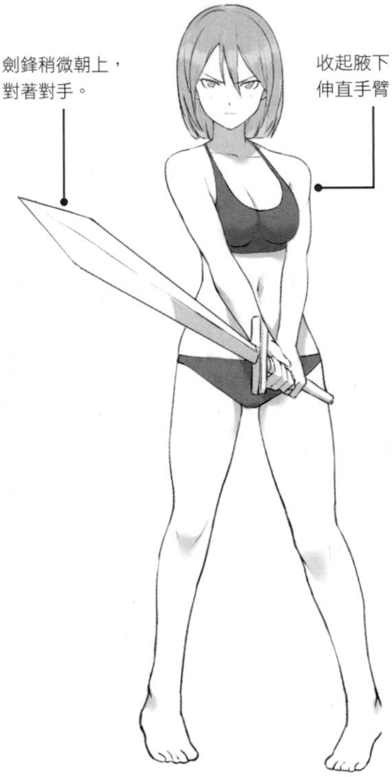

劍鋒稍微朝上，
對著對手。

收起腋下，
伸直手臂。

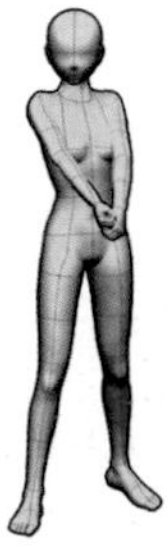

角度

正面視角能強調瞪著敵人的表情，給人攻擊性的印象。

劍鋒朝上

劍鋒朝天的姿勢。
端正姿勢，呈現出颯爽的氣氛。

使劍與角色呈平行，
挺直背部能讓姿勢顯得優美。

將劍豎在地上

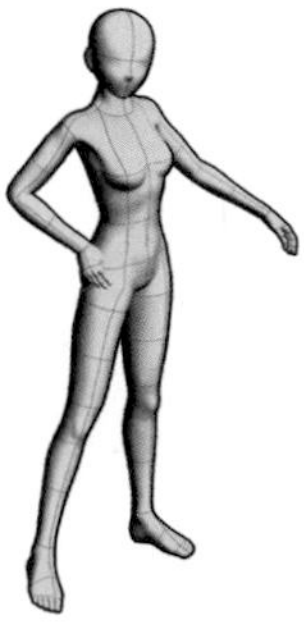

角度

採用略帶俯瞰的側面視角，能清楚看出角色的身材比例，並展現劍的劍腹部位，清楚傳達劍的形狀。

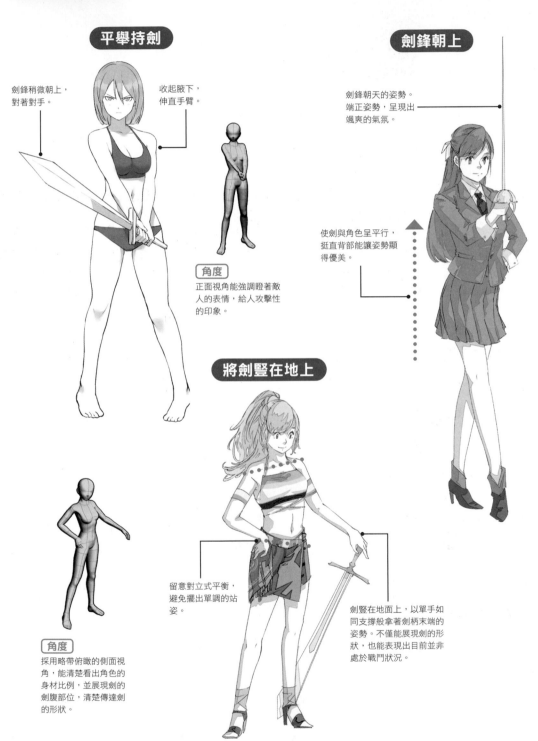

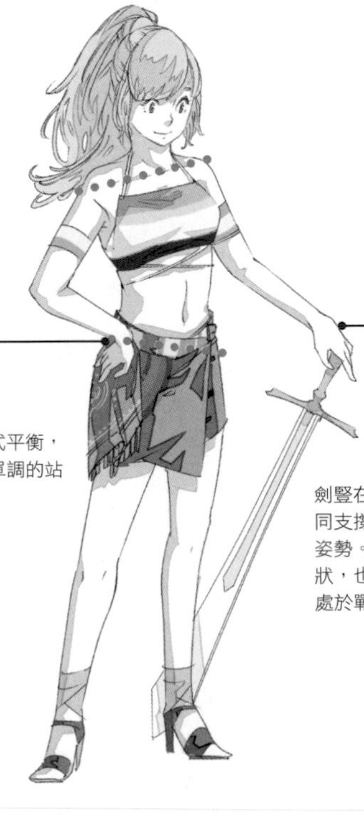

留意對立式平衡，
避免擺出單調的站姿。

劍豎在地面上，以單手如同支撐般拿著劍柄末端的姿勢。不僅能展現劍的形狀，也能表現出目前並非處於戰鬥狀況。

將大劍扛在肩上

單手舉起大劍扛在肩上。這個姿勢很適合怪力角色。

使角色放鬆地站立，營造出輕易舉起大劍的狀況。

叉腿站立

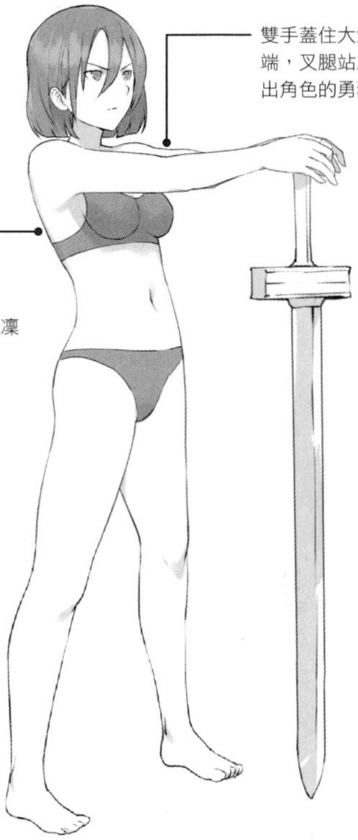

雙手蓋住大劍劍柄的末端，叉腿站立。能表現出角色的勇猛。

挺起胸膛，威風凜凜的姿勢。

手拿短劍奔跑

短劍是很適合反手持拿的道具。反手具有易於使勁做出短劍刺穿動作等的優點。

手持短劍，身體前屈向前衝刺，構成具有速度感的姿勢。

將劍向上高舉

將劍朝正上方高舉的姿勢。如同接收天上的能量。

想像成等邊三角形，就會構成穩定美麗的構圖。

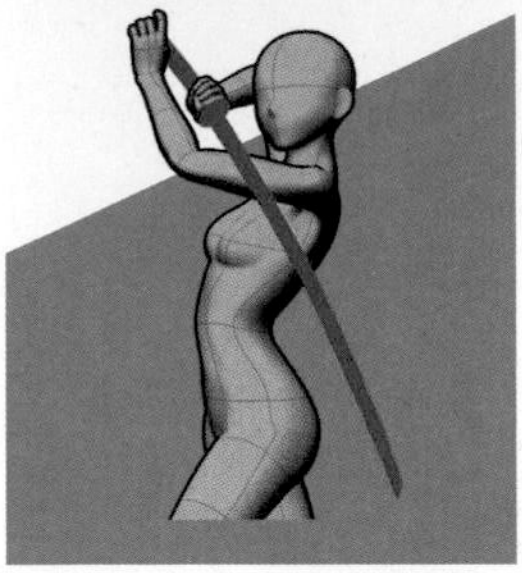

日本自古流傳的優美武器

日本刀

日本刀的刀身後彎，其曲線搭配身體線條決定了姿勢的美感。拔刀等招式搭配刀鞘，也能構成帥氣的招牌動作。

眼看刀尖

視線往日本刀刀尖看的姿勢。
營造出確認愛刀狀態的場面。

肩線搭配日本刀的線條
就能構成優美的姿勢。

準備拔刀

收起腋下，手腳進行直線
型動作，藉此呈現拔刀前
的緊張感。

眼睛盯著對手看，同時手伸向刀
柄，準備進行拔刀的姿勢。兩腳
大幅張開，展現穩定的姿勢。

角度

採用能優美呈現日本刀刀身
及手臂姿勢的視角。

豎起日本刀

縱向豎起日本刀的姿
勢。刀身線條宛如沿
著身體線條般，強調
身材比例之美。

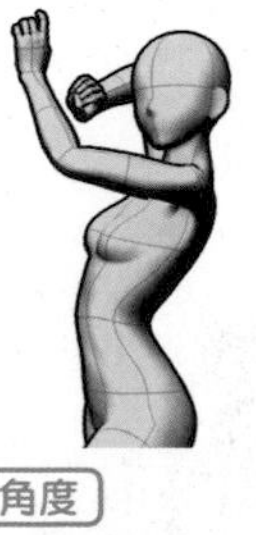

角度

採用既能呈現角色的表
情、胸部隆起及臀部線
條，同時也能清楚展現
日本刀的視角。

刀身橫躺

拔刀後的姿勢。刀身橫躺不僅能突顯日本刀，也具備容易連同角色一起框入畫面的優點。

使刀與兩腳位置線條的傾斜度如同對立式平衡般，呈現相反角度，就能構成帶有動感的優美姿勢。

從刀鞘露出刀刃

拔出日本刀瞬間的姿勢。將稍微露出的刀刃位於臉旁，使讀者的視線集中。

舉刀過頂

慣用手握住刀鍔部分。

舉刀過頂是迅速將刀往下揮的架式。由於軀幹毫無防備等，並不適合防禦，最好用在想捨棄防禦，呈現攻擊性印象的時候。

拔刀中的姿勢

正在拔刀的姿勢。讓日本刀與刀鞘的線條、頭髮與裙子等的線條帶有規則性，就能構成動作優美的姿勢。

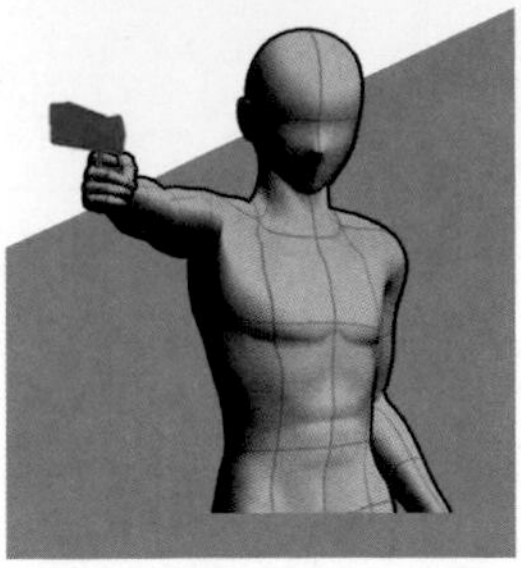

現代動作場面不可或缺的武器

槍

槍是動作片及動畫中不可或缺的主流武器。基本上為擊倒遠距離對手的武器，由於槍的動作比劍及弓箭等小，給人的印象較為冷酷。

鎖定目標

視線如同鎖定目標般配合槍口方向。

角度

採用側面視角，適當呈現槍口、伸直的手臂以及表情。

射擊時會產生很大的衝擊，因此兩腳站穩，以維持穩定的姿勢。

槍口朝上

將槍口朝上，表現出非臨戰態勢的狀態。

臀部翹起，展現身材曲線玲瓏有致的姿勢，以強調勻稱的身材。

角度

採用從側面看的視角，使槍口向上的槍外型一目了然。

飛身攻擊

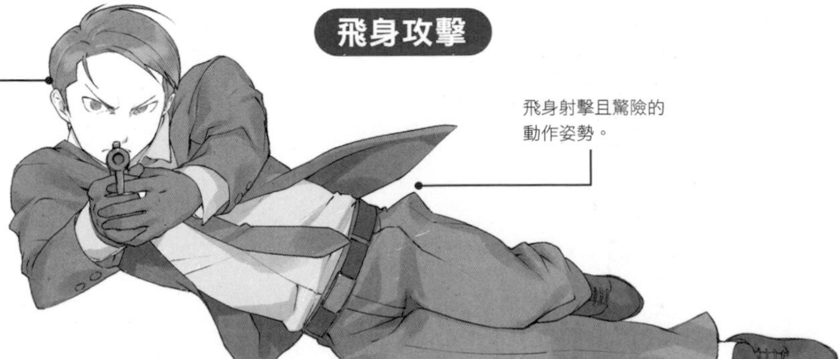

雖然身體橫倒，為了鎖定目標而豎起頭部與槍，與地面形成90度直角。

飛身射擊且驚險的動作姿勢。

手拿兩把手槍
想像與眾多對手應戰的情境，再決定視線的方向。
雙手與雙腳對稱地張開，形成浮誇的姿勢。
跳往後方進行攻擊
以同樣角度手持兩把手槍，強調前方出現強大的敵人。
腳尖伸直，呈現出停在空中的感覺。
持槍移動
探索周圍的視線。
手拿著槍，一邊警戒敵人一邊移動的姿勢。
移動方向
邊跑邊射擊
邊跑邊射擊且充滿躍動感的姿勢。
另一手向後方伸展，表現出動作之大。
跑步方向

橫著拿槍

使頭稍微傾斜，就能表現出
無所畏懼的角色。

橫著拿槍的帥氣姿勢。
散發出王者般的氣氛。

抱著來福槍

採用以來福槍遮住身體的構圖，使「纖瘦女孩」與「粗獷的來福槍」形成對比，藉此強調兩者。

握著來福槍

姿勢端正地握著來福槍的站姿。以雙手持槍，支撐長而沉重的槍身。

槍口朝下就變成不是對著敵人的姿勢。基本上拿槍對著敵人時，槍身要維持水平。

雙腳確實踏地，
穩定姿勢。

趴著狙擊

趴著持槍容易遮住臉部，最好採用能看見角色臉部的視角。

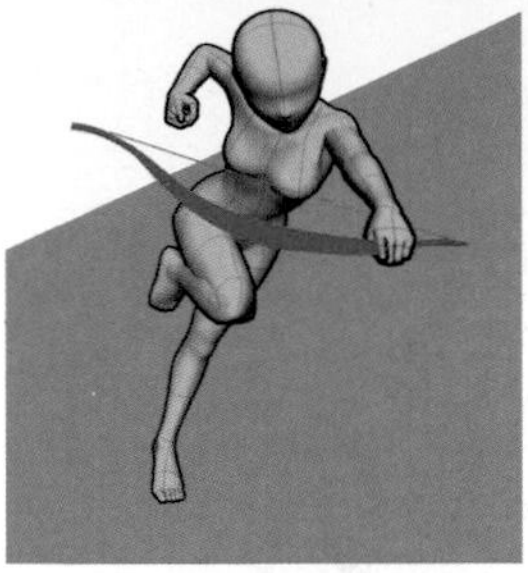

大動作發動遠距攻擊

弓

弓是原始的遠距武器。同樣是遠距武器，弓與槍不同，動作較大，是種容易產生動感的道具。拉弓姿勢會產生弓弦繃緊的緊張感，放箭時則會產生一種解放感。

狙擊遠方

視線朝著射箭方向看，以狙擊遠方的目標。

打開胸膛，充分伸直手臂。

角度

仰角容易呈現魄力，亦可用在華麗的動作上。

放下弓

背部挺直，散發出凜然的氣勢。

放下弓解開架式的姿勢。持弓的手臂筆直伸展。

邊跑邊射箭

邊跑邊射箭的姿勢。藉由放低姿勢及直線型動作營造出速度感。

角度

對弓採用正面視角，不僅能放大強調弓本身，還能呈現出角色朝讀者方向衝過去般的魄力。

豎起的食指向後彎，更能展現氣勢。

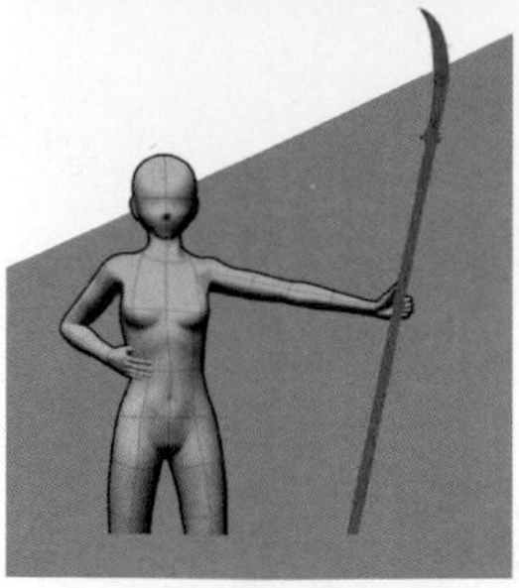

強有力地揮舞

長柄武器

諸如薙刀及長槍等長柄武器屬於很難納入畫面中的道具。不妨好好研究構圖，像是將長柄武器斜放或刺向前方等，以順利納入畫面中。

豎起薙刀

手握薙刀使之豎立在旁。
手放在腰帶上。
手臂伸直，能表現出活潑的角色。

角度

採用正面視角，讓叉腿站立的角色及豎起的薙刀看起來更優美。

斬擊動作

薙刀乃是長柄尖端附有刀刃的武器。使出向下揮劈、橫掃等斬擊動作時相當漂亮。
後方的手則彎曲手肘。
伸直前方的手臂。

刺擊架式

角色的視線朝著槍刃前方看。
利用透視法，能使長槍呈現魄力。
長槍的攻擊以刺擊為基本。槍尖向著對手，擺出刺擊的姿勢。

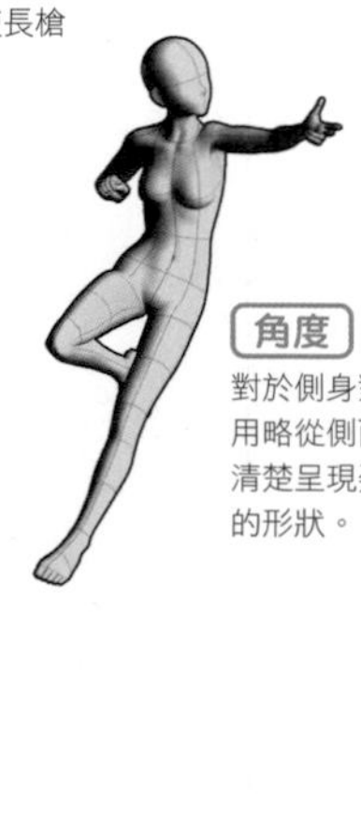

角度

對於側身對著對手的角色採用略從側面看的視角，就能清楚呈現姿勢的模樣與長槍的形狀。

如同歌舞伎般

掌心向著正面，擺出歌舞伎般的姿勢。藉由大動作給人浮誇的印象。

左右兩腳大幅張開。

抱握武器

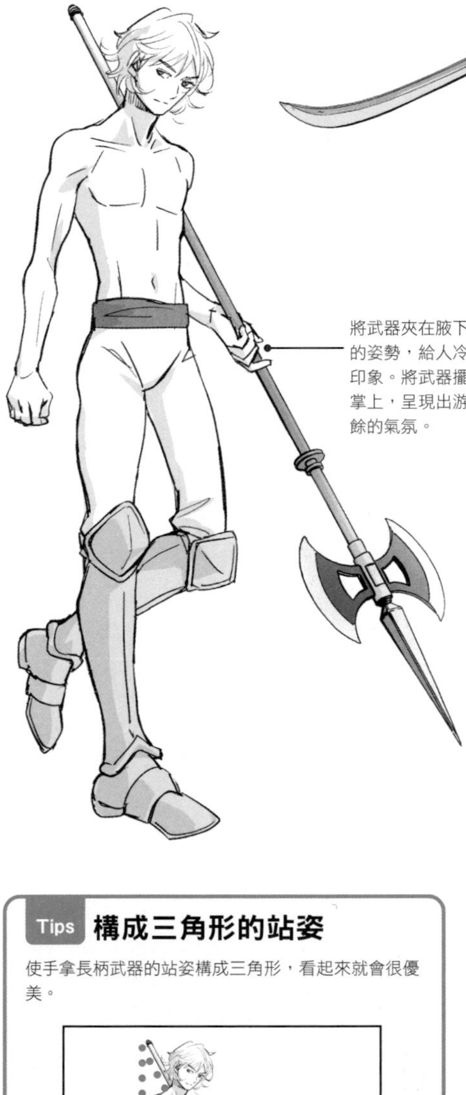

將武器夾在腋下抱握的姿勢，給人冷酷的印象。將武器擺放在掌上，呈現出游刃有餘的氣氛。

扛在肩上

肩扛長柄武器的姿勢。

手臂纏繞在握柄上，呈現出拿著沉重武器時維持平衡的模樣。

Tips 構成三角形的站姿

使手拿長柄武器的站姿構成三角形，看起來就會很優美。

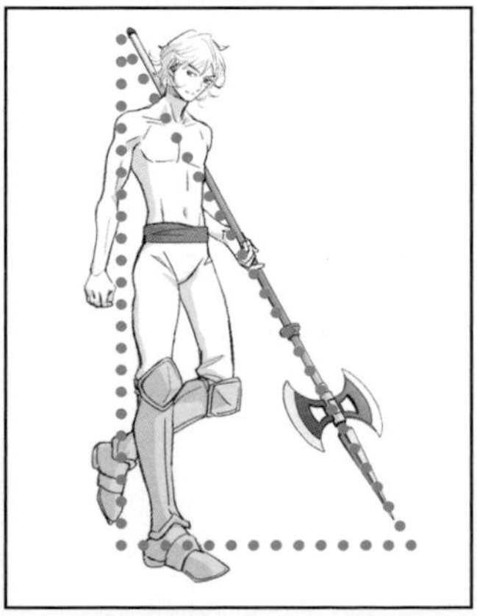

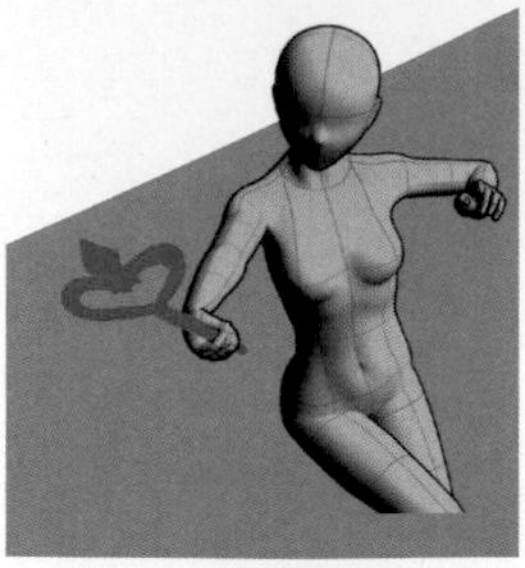

輕輕一揮就能施魔法

魔法棒

出現在動畫中的魔法少女使用的魔法棒是奇幻色彩濃厚的道具。在姿勢方面，也是重視展現角色多過現實感，表現出華麗可愛的感覺。

朝側面伸出

使手臂伸展的角度及魔法棒的角度不一致，呈現出自然的感覺。

雙腳有些內八地伸直，呈現出可愛與俏皮感。

角度

採用能看清楚伸直的手臂與魔法棒的視角。

伸向前方

使魔法棒更顯眼的姿勢。使身體往伸出的魔法棒方向傾斜，就能呈現躍動感。

角度

採用帶有遠近感的側面視角，強調伸出魔法棒的動作。

往上高舉

高舉魔法棒施法的姿勢。沒有舉起的手則往與舉高的手相反的方向伸直，以維持平衡。

手腕稍微向後彎，就會變成可愛的姿勢。

Tips 魔法棒的長度

短魔法棒容易呈現出可愛的氣氛，長魔法棒則容易強調神祕的印象。

拿著就能散發威脅感

鞭子

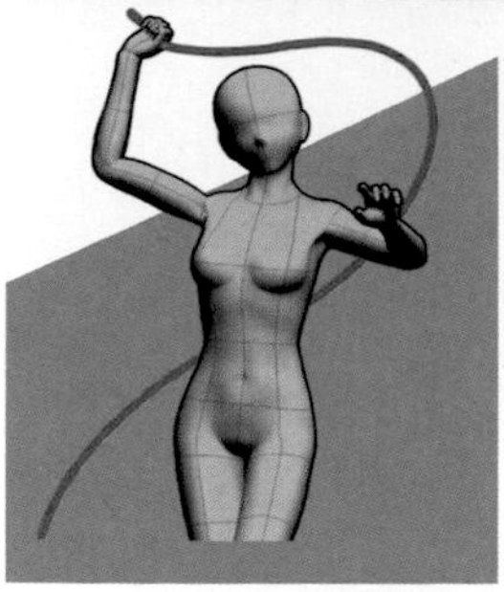

鞭子過去是常被用於刑罰、拷問的道具，所以非常適合盛氣凌人的角色。最好也要注意表情，擺出帶有脅迫感的姿勢。

揮舞鞭子

使手腕向後倒，呈現出快速揮鞭的樣子。

鞭子的鞭繩在身後彎曲。使鞭子彎曲成S字型大曲線，能穩定畫面。

角度

採用能看清楚彎曲的鞭子及舉起的手臂模樣的視角。

拉鞭子

拉緊鞭子、充滿威脅感的姿勢，下巴稍微抬起，露出居高臨下的視線，就能增加魄力。

想收起長鞭時則捲成環狀。

放在掌心上

藉由減少動作，挺直姿勢，呈現出冷酷、充滿威壓感的氣氛。

像把玩似地將短鞭放在掌心的姿勢。

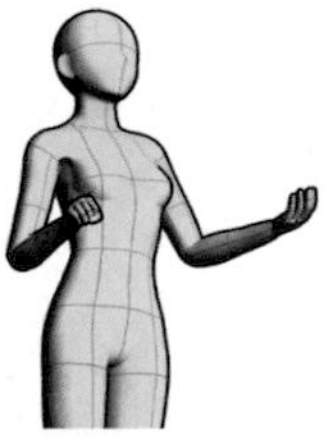

角度

想增強威壓感時，不妨採用仰角。

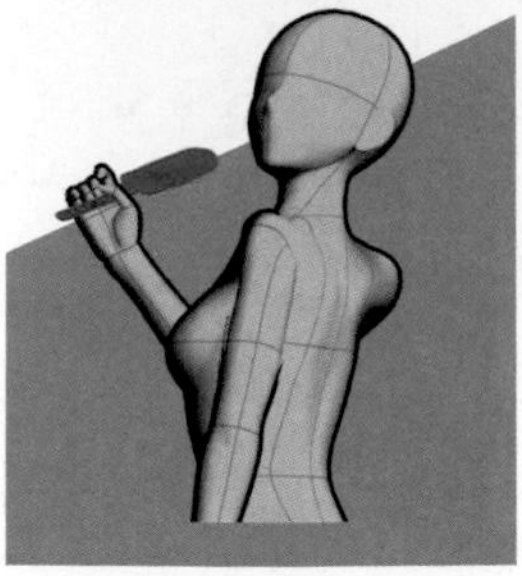

藉由吃東西的舉動引起注意

食物

在角色與食物互動的插圖中，將食物拿近嘴邊可說是基本姿勢。可藉由拿食物與餐具的手勢及張嘴的程度，表現出可愛或高雅感。

吃冰棒

讓女孩拿在手上的食物當中，冰棒是最基本的道具。

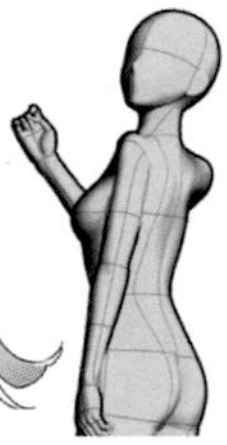

將冰棒拿近臉旁，就能提高女孩的可愛感。另外，拿冰棒也具有容易與「夏天」、「晴天」等在電腦繪圖中相當受歡迎的主題產生連結的優點。

角度

在從斜後方看的視角下，使角色做出回頭看的姿勢，能增強臉蛋的印象。同時也能構成清楚看見冰棒的構圖。

吃葡萄

臉向上抬起，準備從葡萄串的最下方開始吃葡萄。

相對於與地面平行的平行線，使上臂稍微往上舉。

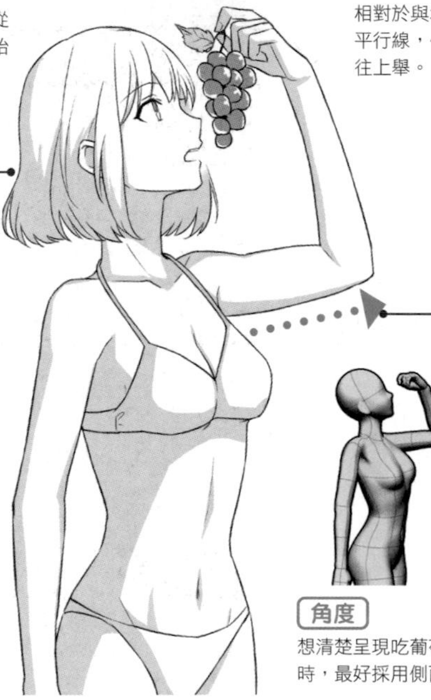

角度

想清楚呈現吃葡萄的模樣時，最好採用側面視角。

舔棒棒糖

棒棒糖是畫起來簡單又方便手拿的道具。由於體積小，即使與臉重疊也沒關係。

大口咬下

抬起下巴並張大嘴巴。

大口咬下的食物愈大，角色的動作也要愈誇張，這樣較容易呈現生動的畫面。

高雅地吃冰

以端正的姿勢高雅地吃冰。以單手做出將頭髮掛在耳朵的舉動，能呈現出女人味。

強調食物

想特別突顯食物時，可拉開食物與角色的距離。放在角色的前方更能強調食物。

角色的視線往食物方向看。

使用刀叉用餐

將食物擺在正中央，使角色擺出對稱的姿勢，就會形成漂亮穩定的構圖。

端盤子用餐

臉往食物方向傾斜。

收起腋下，藉由小動作呈現出吃東西的可愛感覺。

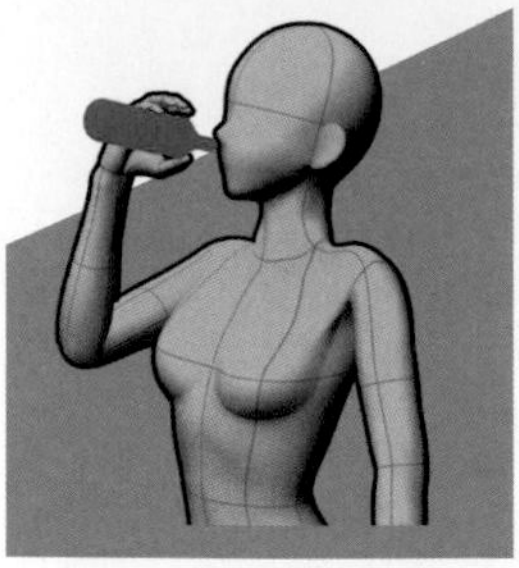

注意容器與手的表現

飲料

飲料作為道具，可藉由容器來表現其特性。比方說，若想分開描繪果汁與紅茶時，使用容器來表現會比液體本身更容易傳達給讀者。拿容器的手勢也會隨著飲料的不同而改變。

基本的喝飲料姿勢

注意容器的傾斜。裝的飲料量多時，角度過度傾斜就會顯得不自然。

下巴稍微抬起。

角度

採用側面45度角，能清楚呈現飲料容器的形狀及喝飲料的樣子。

高雅地端起杯子

用雙手高雅地端起杯子。

收起腋下，挺直背部，做出高雅的舉動。

將容器拿近臉旁

將容器貼近臉頰的舉動。像這樣將道具貼近臉頰，就會變成可愛的姿勢。

容器沿著臉型稍微傾斜。

角度

正面視角能直截了當地傳達臉部表情魅力。

剪裁 呈現嘴部

除非有展現容器設計等需求，否則即使將容器的一大部分裁切掉，只要保留嘴巴喝飲料的樣子，就能夠將重點傳達給讀者。

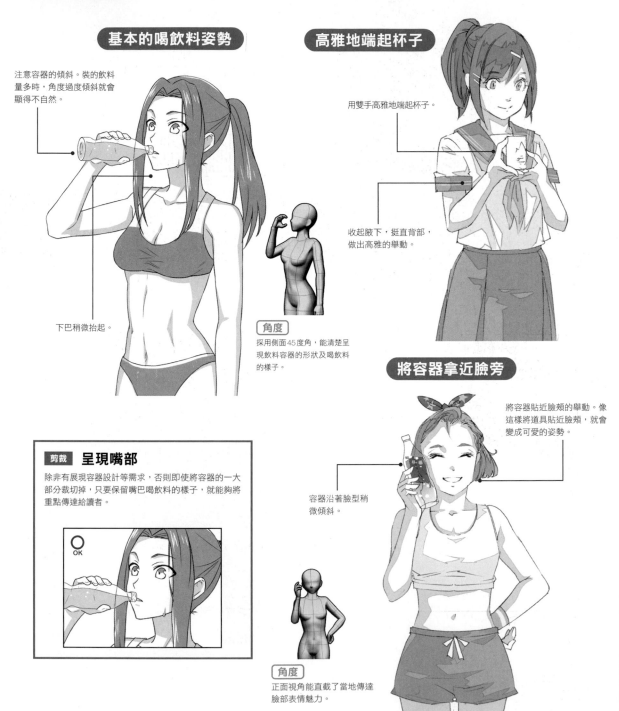

下午茶

端起茶杯優雅啜飲的姿勢。將容易吸引讀者視線的「臉」、「茶杯」及「茶皿」進行均衡的配置。

送飲料慰勞

送飲料慰勞場面的姿勢。

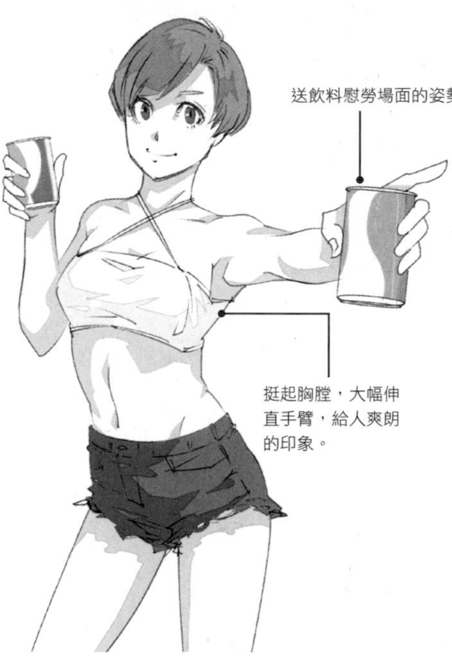

挺起胸膛，大幅伸直手臂，給人爽朗的印象。

舉起玻璃杯

舉起玻璃杯的姿勢。將玻璃杯舉至臉部附近。

注意讓手臂線條呈和緩的曲線，呈現出自然垂下的感覺。

Tips 突顯飲料

想突顯飲料時，可以將飲料放在角色臉部附近。

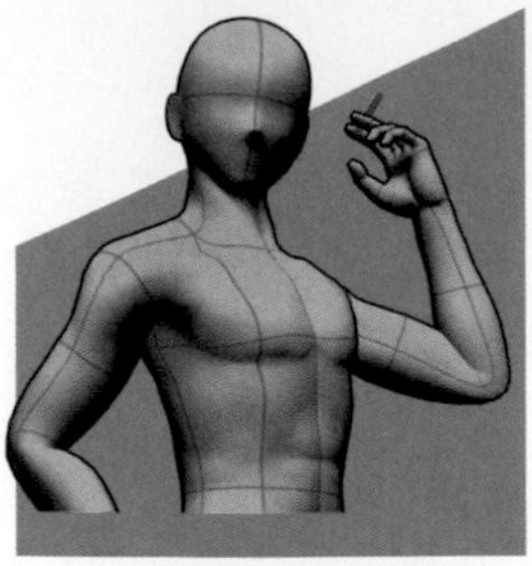

成人的嗜好

香菸

諸如香菸及酒等成人才能接觸的物品，大多時候都被當作呈現成熟氣氛的道具。可配合放鬆的姿勢來表現休息的狀況。

適合狂野的角色

做出張開腋下等向外張開的姿勢，可以表現角色狂野的個性。
以食指及無名指夾住香菸是最自然的拿法。

角度

仰角視角能放大對象，增強角色威風凜凜的印象。

日常舉動

想表現日常生活中的一景時，可在吸煙的舉動加點小動作。

流露哀愁

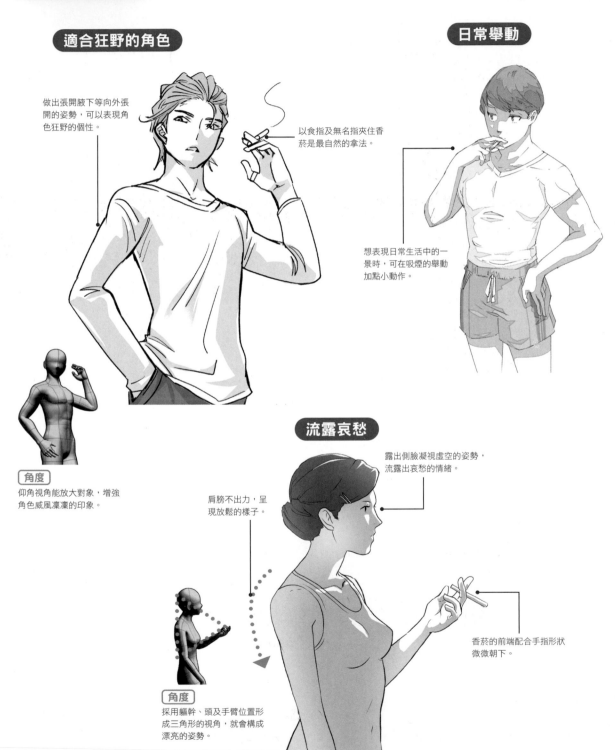

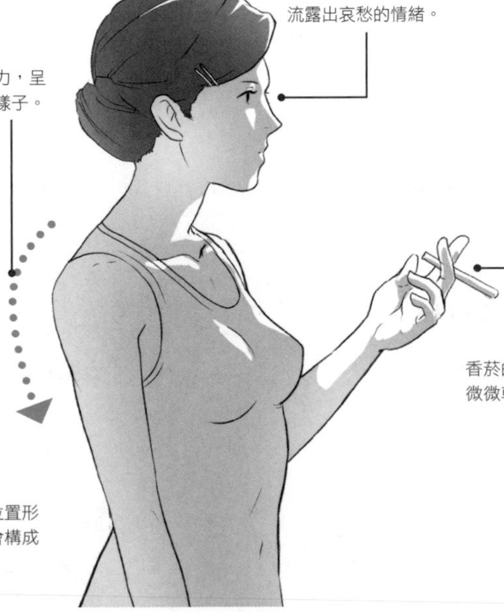

露出側臉凝視虛空的姿勢，流露出哀愁的情緒。
肩膀不出力，呈現放鬆的樣子。
香菸的前端配合手指形狀微微朝下。

角度

採用軀幹、頭及手臂位置形成三角形的視角，就會構成漂亮的姿勢。

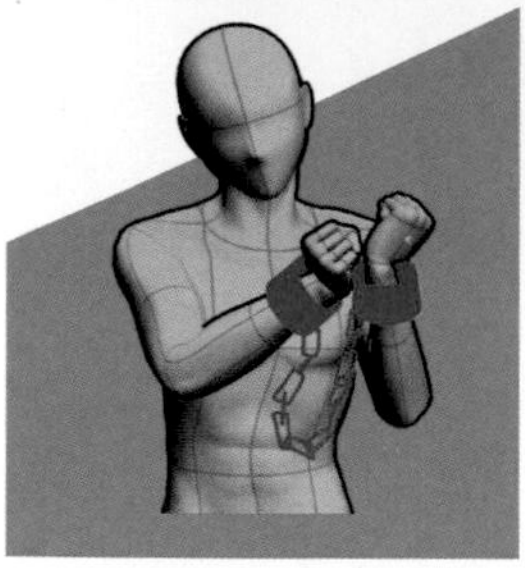

限制行動的罪犯證明

手銬

手銬是用來束縛犯罪者的道具，帶有非法及頹廢的形象。在上手銬的狀態下，必須在限制手臂動作為前提下構思姿勢。

展現手銬

手部動作連動肩膀上抬。

舉起雙手，展現被戴上手銬的姿勢。

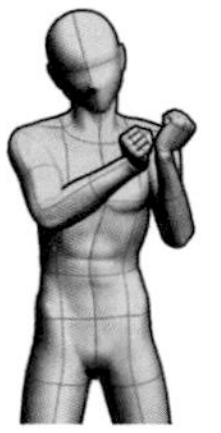

角度

採用正面視角，能一目了然地傳達出手腕被手銬銬住的樣子。

玩弄手銬

以手指勾住手銬把玩，使人感受到玩心的姿勢。藉由像玩玩具般玩弄手銬的舉動，表現出角色游刃有餘的心境。

展現身體曲線

大幅舉起手臂以展現手銬。要注意避免遮住臉。

強調手銬的同時使身體向後仰，呈現美麗的身材曲線。

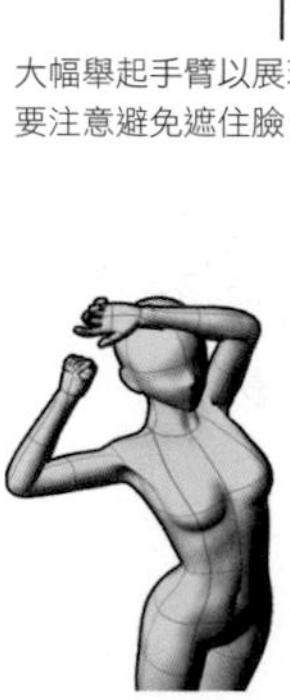

角度

採用略偏俯角的視角，使手銬位於前方，藉此強調手銬。

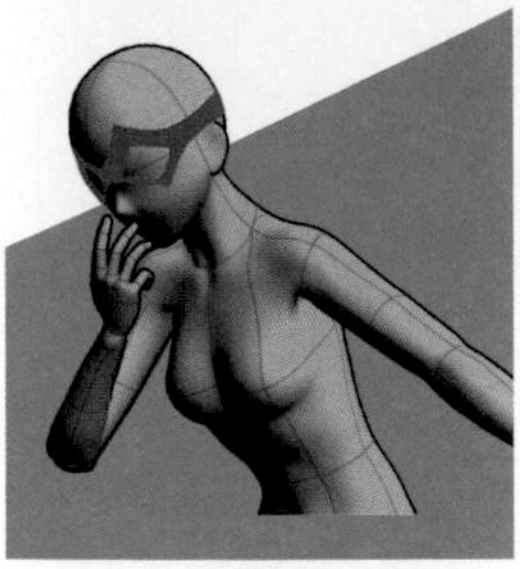

隱藏角色的真面目

面具

面具是用來隱藏角色真面目的基本道具，洋溢著神祕的氣氛。想強調面具時，可擺出用手碰面具或手拿面具的姿勢。

摘下面具

關於摘下面具瞬間的姿勢，可以先預想摘下面具的軌道，再決定手部位置等。

角度

採用從上方窺視角色樣子般的視角，呈現出「不小心看到摘下面具時」的感覺。

仿造人臉的面具

使附有眼鼻的面具朝向正面，擺放在角色身旁，就會構成兩張臉並列的畫面，藉此表現出角色的兩面性。

以手勢強調面具

藉由手靠近面具來強調面具的存在。

替每根手指加上表情，就能讓姿勢散發性感氣息。

角度

採用略偏俯角、從側面看的視角，就能優美呈現手臂及上半身的線條。此外，特別採用能清楚呈現靠近面具的手及身體前屈時的臉部表情的角度。

大聲宣示主張

擴音器

使用擴音器時，姿勢的重點在於誇張不輸給大音量的動作。擴音器是適合個性好勝角色的道具，可以呈現音量大聲、主張強烈的角色特質。

用手指指人

使擴音器稍微向上傾斜，就能呈現出將聲音傳播到遠方的感覺。

擺出用手指指人的姿勢，就會產生攻擊性。

進行演講

手臂舉起，使人產生熱衷演講的印象。

角度

以能展現魄力的仰角視角，提高情緒激昂的角色氣勢。

拿開擴音器

手叉在腰上的姿勢使角色顯得威風，表現出自信滿滿的心情。

將擴音器從嘴巴拿開的姿勢。擴音器這種道具很適合個性好勝的角色，因此擺出抬頭挺胸、威風凜凜的姿勢。

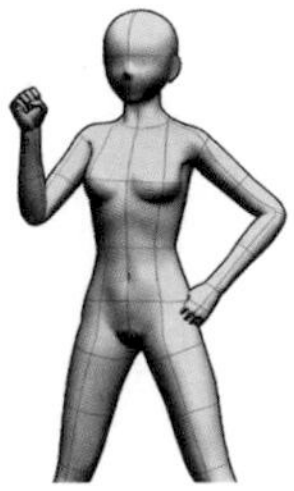

角度

為了優美呈現擴音器與角色的站姿，採用側面視角。

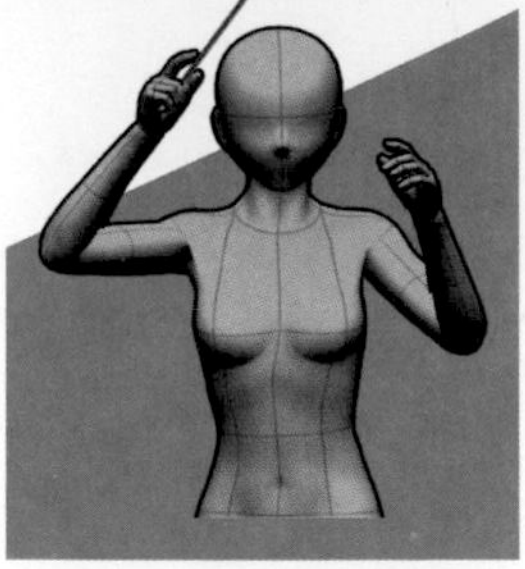

指揮家引導演奏的道具

指揮棒

交響樂團的指揮家揮動指揮棒的姿勢，能以帶有動感的動作表現出高揚感及愉快的氣氛。不妨在設計姿勢時，想像角色指揮的是哪首樂曲。

高舉指揮棒

高舉指揮棒的姿勢能表現出演奏熱烈、情緒激昂的氣氛。

沒拿指揮棒的手也跟著舉起來。

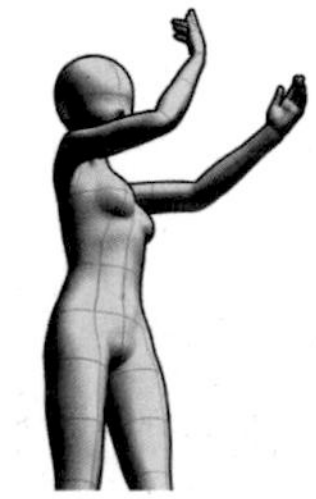

角度

想充分展現揮棒指揮的角色存在感時，採用仰角視角的效果相當好。

放低揮動指揮棒

指揮棒尖端位在較低位置時，讓人聯想到安靜的曲調。

食指稍微豎起。

用直線描繪手臂

手部線條呈直線，能呈現出富節奏感的愉快氣氛。

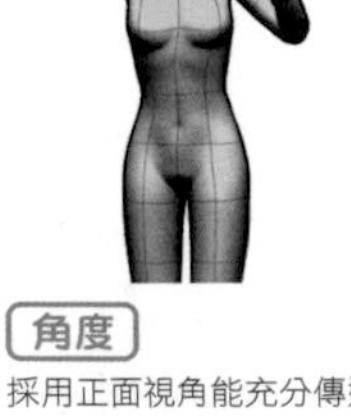

角度

採用正面視角能充分傳達揮棒指揮時的手臂形狀。

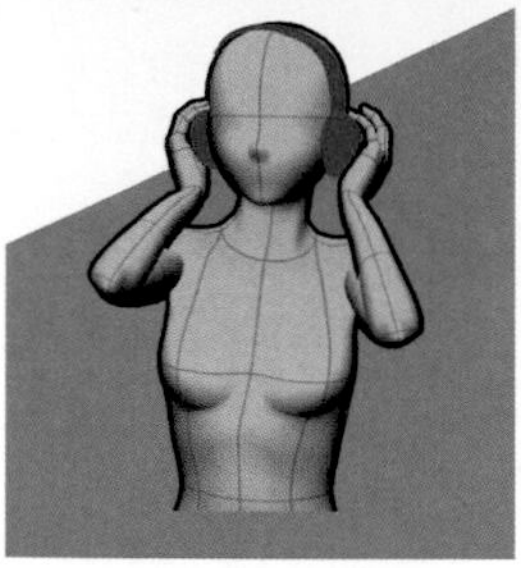

年輕角色的隨身配備

耳機

耳機是年輕人色彩較強的配件。由於耳機給人與外界隔絕的印象，也很適合作為內向角色的小道具。除了戴上耳機聽音樂的姿勢外，耳機掛在脖子上的姿勢也很賞心悅目。

手扶著耳機

正在聽音樂的角色姿勢。使姿勢稍微傾斜，就能呈現「隨著音樂擺動」的感覺。

手扶著耳機也是基本姿勢。

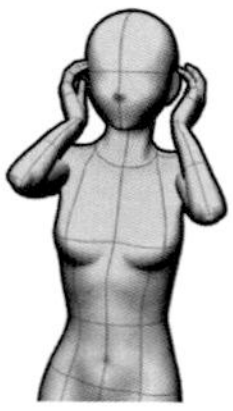

角度
採用略偏側面看的視角，耳機形狀才會清楚可見。

掛在脖子上

將耳機掛在脖子上的姿勢。使耳機的耳罩部分位在頸部前方。

每個部位都呈現放鬆狀態，以呈現出若無其事的站姿。

閉上眼睛

閉上眼睛能呈現出沉浸在音樂世界的感覺。

拿著音樂播放器或手機的手放在胸口一帶，姿勢就會很自然。

角度
使用小型耳機的話，採用正面視角能清楚呈現戴耳機的樣子。

剪裁 **裁切掉頭帶也沒問題**

裁切耳機時，可以剪裁成突顯耳罩部分的構圖。即使裁切掉頭帶部分也不會讓人覺得突兀。

樂團明星所拿的樂器

吉他與貝斯

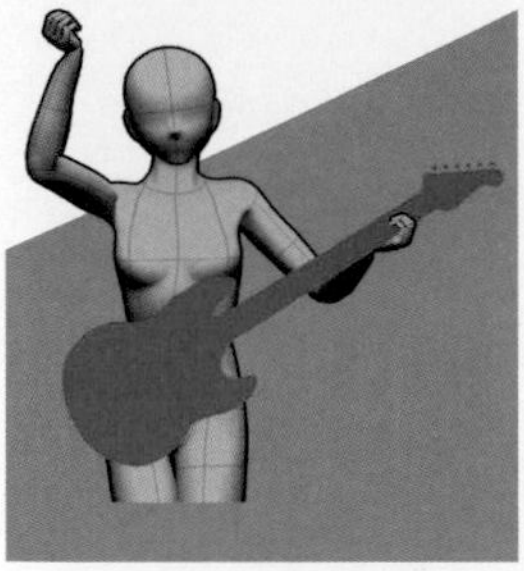

吉他與貝斯屬於本身很帥氣，拿在手上就很賞心悅目的道具。拿吉他與貝斯時，主要是將背帶掛在身上，靠肩膀支撐重量，即使不是在演奏時，最好也用非慣用手握琴頸，這樣會比較自然。

背著吉他轉過身

在結合轉過身的站姿與吉他的姿勢中，將吉他繞到背後以清楚展現吉他。

角度

這個視角能清楚呈現繞到背後的吉他。為了讓吉他顯得帥氣，最好尋找能立體呈現吉他的視角。

邊與觀眾互動邊彈奏

舉起慣用手，呈現與觀眾互動的感覺。

慣用手拿著撥片。電吉他通常都是使用撥片彈奏。

角度

採用容易傳達表情魅力的正面視角，藉此強調角色一臉得意的樣子。

抱貝斯坐著

手握琴頸以支撐貝斯。

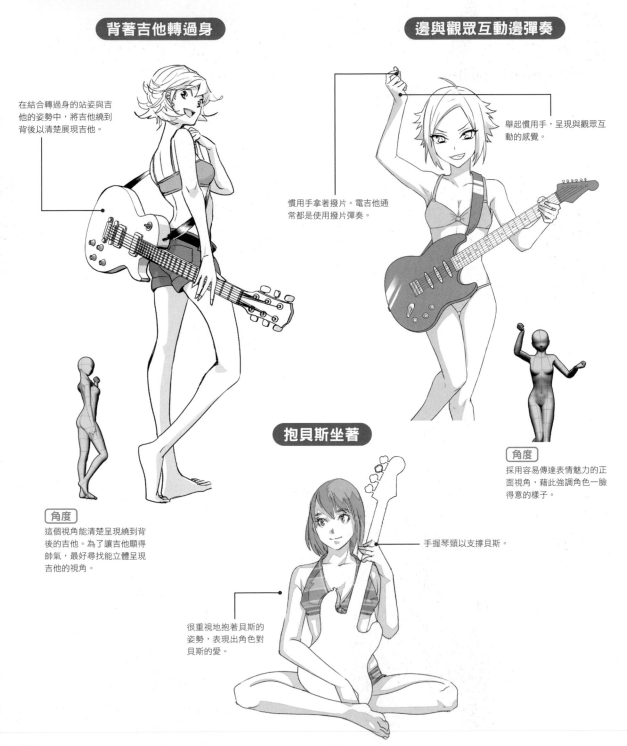

很重視地抱著貝斯的姿勢，表現出角色對貝斯的愛。

站著拿吉他

將吉他的琴頭朝下放的站姿，給人休息的印象。演奏時琴頭大多朝上。

輕握琴頸。

邊看手邊彈奏

邊看手邊彈奏時，可以讓角色的視線看著慣用手或是撥弦的手。

最好替腳加點動作，以免顯得呆板。

不用撥片彈奏

擔任樂團低音部的貝斯不用撥片彈奏的情況也很常見，基本上都是使用食指與中指彈奏。

剪裁

保留琴頭與拾音器

剪裁畫面時應避免過度裁切吉他，讓人看不出來角色拿的是什麼。只要將部分琴頭及拾音器框入畫面中，即使畫面經過剪裁也能展現吉他的存在。

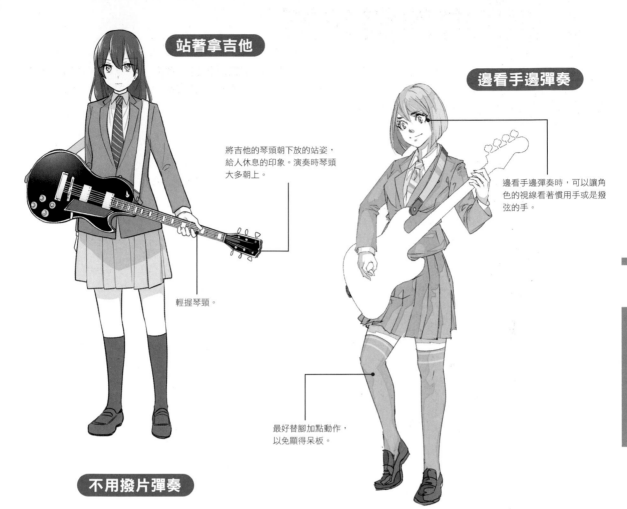

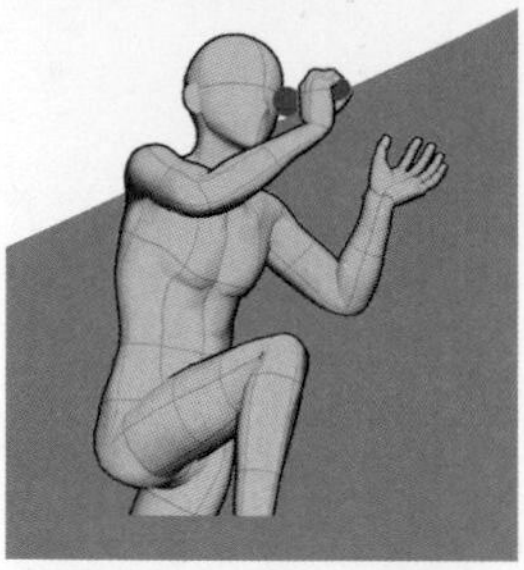

透過表演展現魅力

麥克風

下面介紹歌手使用麥克風唱歌的姿勢。為了讓角色呈現充滿魅力的表演，重點在於，要在拿麥克風的手指形狀及沒有拿麥克風的手的樣子上多花心思，設計出帥氣的姿勢。

一邊移動一邊表演

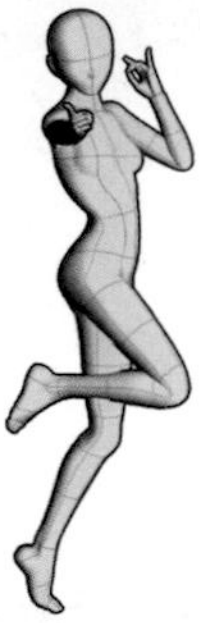

面向正面，一邊往旁邊走一邊進行表演的姿勢。

麥克風的拿法最好隨角色不同而改變。這裡讓角色可愛地翹起小指。

藉由扭腰增加躍動感。

角度

這個視角能正面捕捉到視線看著相機的臉，同時由於角色側著身體，使腳朝著側面，既能呈現臉部表情，同時也能表現出身體動作。

移動方向

應援與回應

使角色眨眼睛，就成了偶像般的表情。

將麥克風對著觀眾席的姿勢是偶像及歌手演唱會常見的光景。

腳踩在螢幕上

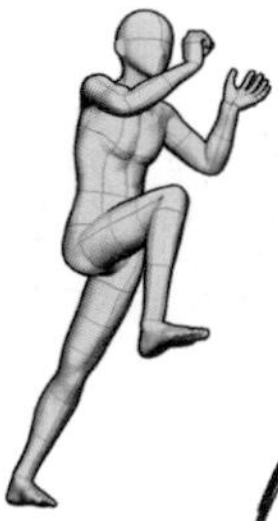

比出招手的挑釁姿勢。

腳踩在螢幕上的狂野姿勢。

角度

採用仰角視角能放大踩在螢幕上的腳，呈現出大動作。

用雙手拿麥克風

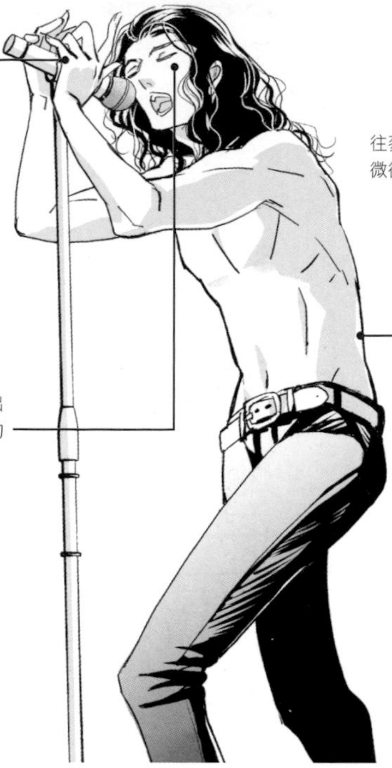

雙手環握住麥克風。

往麥克風方向
微微彎腰。

閉上眼睛能呈現出
陶醉在歌曲世界的
感覺。

張開胸膛

之所以讓沒拿麥克風的手舉起，
是基於「更容易發聲」、「更容易
掌握音程」等原因做出職業歌手
常做的舉動，能夠表現出角色擁
有一副好歌喉。

拿起麥克風架

拿起麥克風架、作風豪邁
的麥克風表演。藉由上半
身傾倒的大動作來表現歌
曲的高潮部分。

以構成三角形的方式描繪包
含麥克風架在內的姿勢，就
會變成漂亮的構圖。

索引

英數字／符號

一～五劃

六～十劃

十一～十五劃

十六～二十劃

二十一劃以上

Passowrd：POSE484

插畫家介紹

卯月

給角色擺姿勢時，也要注意指尖的動作及細微的舉動。
這樣會比較容易傳達角色的個性。

URL http://xcqx.jakou.com
Pixiv 47662　Twitter @cq_uz

エイチ

我是エイチ。很高興這次能基於姿勢速查事典的主題描繪各種情境。這次我畫的魔法少女及偶像插圖等也會出現在其他地方，如果看到的話還請多多指教。

URL https://www.pixiv.net/fanbox/creator/356998
Pixiv 356998　Twitter @ech_

かんようこ

我以畫漫畫及插圖為業。工作以學習類、廣告類及新書漫畫化居多。描繪帥氣的招牌姿勢時相當愉快。謝謝！

Twitter @k3mangayou

玄米

根據姿勢來構思描繪表情及角色形象相當愉快！

URL http://haidoroxxx.blog.fc2.com/
Pixiv 17772　Twitter @gm_uu

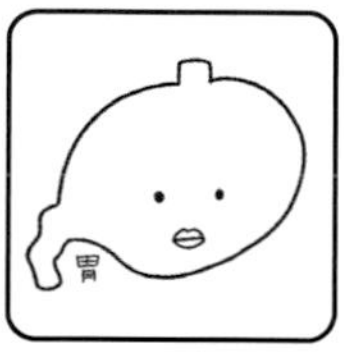

こばらゆうこ

我很喜歡畫女孩子，所以工作相當愉快。
謝謝！

URL https://kobara-desu.tumblr.com/
Pixiv 1429333　Twitter @kobarayuuuuko

武楽 清

描繪人體時，我會盡量考慮到骨架、肌肉與重心。
今後我會繼續努力，請多指教。

Pixiv 3771155

ふむふむ

這次畫了各式各樣的姿勢，讓我再次認識到……構思充滿魅力的姿勢真的不簡單。本書若能在各位構思姿勢時有所助益，將是我的榮幸。

Pixiv 3028080　Twitter @humuhumu28

吉村拓也

構思姿勢時，我會針對想強調的身體部位，找一些參考插圖，從中選擇能最自然強調該部位的姿勢，或是將容易帥氣呈現的經典角度稍加變化，展現獨創性，以此平衡來構思。

Twitter @takuyayoshimura

■著者紹介
Sideranch
業務內容為漫畫製作、遊戲企劃、角色設計、插圖製作及動畫製作的製作公司。過去曾執筆《CLIP STUDIO PAINT PRO 公式ガイドブック》（MdN）、《CLIP STUDIO PAINT EX 公式ガイドブック》（MdN）、《クリスタデジタルマンガ&イラスト道場 CLIP STUDIO PAINT PRO/EX 対応》（SOTECHSHA）等書。其他尚有製作及出版《漫画の奥義 (1) 神話伝説の世界とペンタッチ技法》、《絵師で彩る世界の民族衣装図鑑》等書籍。

■插畫
卯月
エイチ
かんようこ
玄米
こばらゆうこ
武楽 清
ふむふむ
吉村拓也

■封面設計
渡辺縁

■本文設計・排版
山森ひみつ

■企劃・編輯
島田龍生（サイドランチ）
杉山聡

デジタルイラストの「ポーズ」見つかる事典
DIGITAL ILLUST NO「POSE」MITSUKARU JITEN

電繪姿勢速查事典

出　　版／楓書坊文化出版社
地　　址／新北市板橋區信義路163巷3號10樓
郵政劃撥／19907596 楓書坊文化出版社
網　　址／www.maplebook.com.tw
電　　話／02-2957-6096
傳　　真／02-2957-6435
作　　者／Sideranch
翻　　譯／黃琳雅
責任編輯／王綺
內文排版／洪浩剛
港澳經銷／泛華發行代理有限公司
定　　價／400元
初版日期／2022年３月

國家圖書館出版品預行編目資料

電繪姿勢速查事典 / Sideranch作；黃琳雅翻譯. -- 初版. -- 新北市：楓書坊文化出版社, 2022.03　面；　公分

ISBN 978-986-377-746-5（平裝）

1. 電腦繪圖　2. 繪畫技法

312.86　　110020905